DOCK DU CAMPEMENT
et des
ARTICLES DE VOYAGE
FABRIQUE & MAGASINS DE VENTE
14, Boulevart Poissonnière.
MAISON DU PONT DE FER.
PARIS.
FOURNITURES POUR L'ARMÉE.
LES CH.ns DE FER, LES ADMINISTRATIONS &a
PRIX - FIXE
Entrée Libre!
(DÉPOSÉ.)

SOMMAIRE :

CATALOGUE

N° 1.

Les Articles employés pour les voyages et pour le séjour à la campagne sont si variés et tellement dispersés que leur acquisition nécessite des déplacements très multipliés.

Le **Dock du Campement** situé sur le **Boulevart Poissonnière**, dans la **Maison du Pont de Fer**, au centre même de la capitale, fabrique et réunit ces différents articles.

Les Magasins de vente de cet Établissement forment, par la collection et la nature des objets qui s'y trouvent, une exposition permanente que le public visite librement.

Les dessins, prix et dimensions contenus au présent catalogue, facilitent le choix et l'achat des objets, même sans déplacement.

Tous les articles sont cotés à **Prix Fixe** marqué en chiffres connus.

Les lettres et demandes d'envoi de marchandises doivent être adressées comme suit

A Monsieur le Directeur du Dock du Campement,

14, Boulevart Poissonnière.

PARIS.

1863

FABRIQUE
— et —
Magasins de vente

Commission-Exportation.

DOCK DU CAMPEMENT

FOURNITURES
pour l'Armée,
les Chemins de Fer,
les Administrations
etc.

14, Boulevart Poissonnière, à PARIS

VOYAGE

MALLES

N.º 1 à 12.

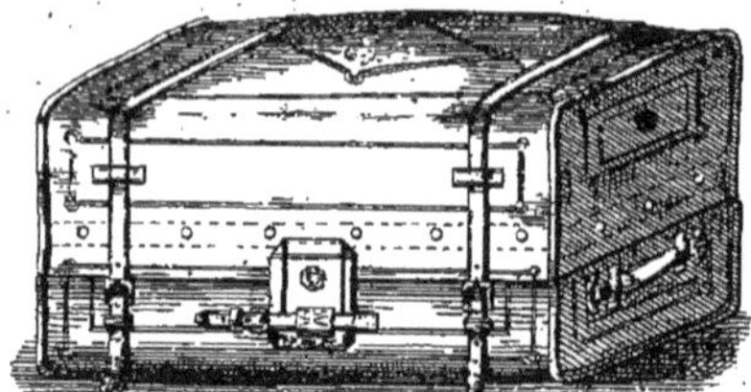

N.º 13 à 16.

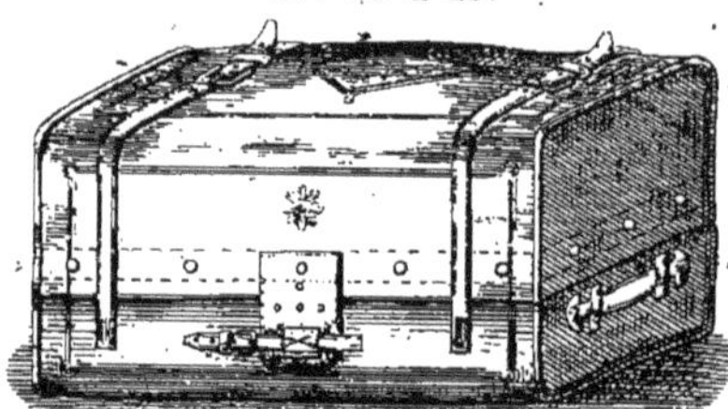

N.º 17 à 24.

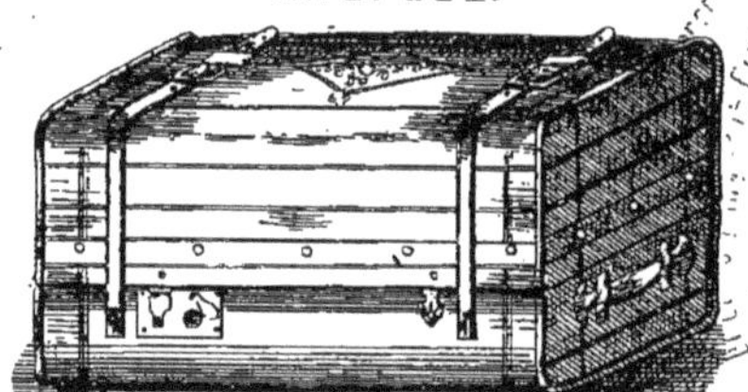

N.º 25 à 36.

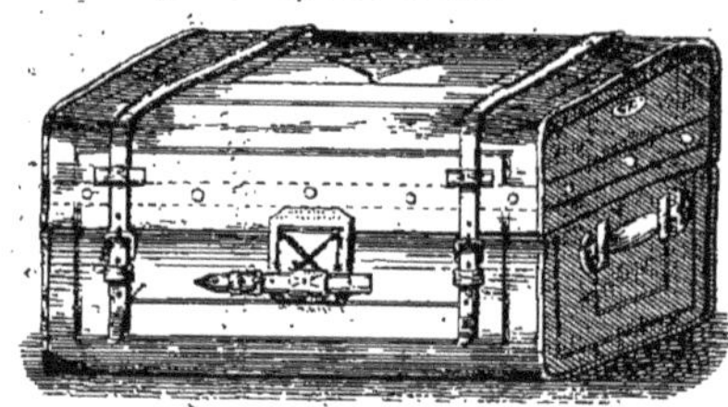

N.º 37 à 42.

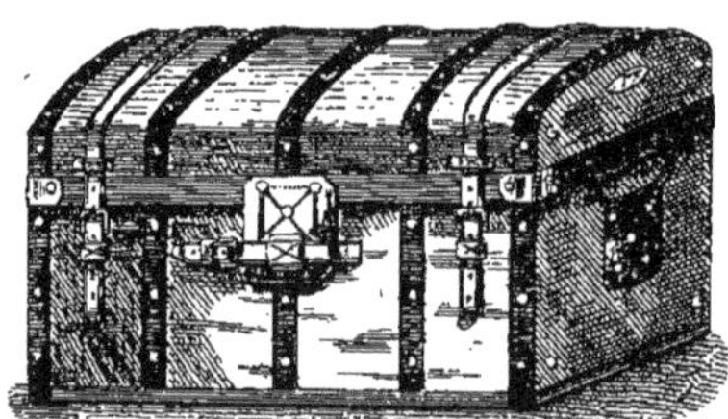

N.º 43 à 55.

N.º 56 à 67.

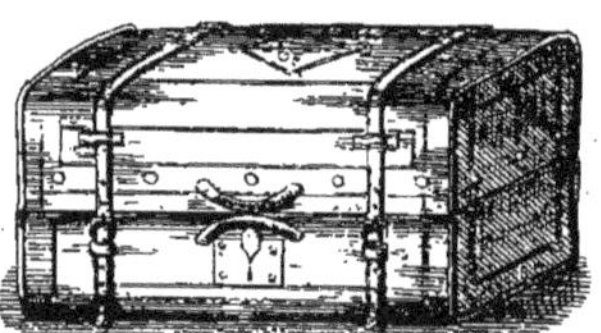

N.º 68 à 79.

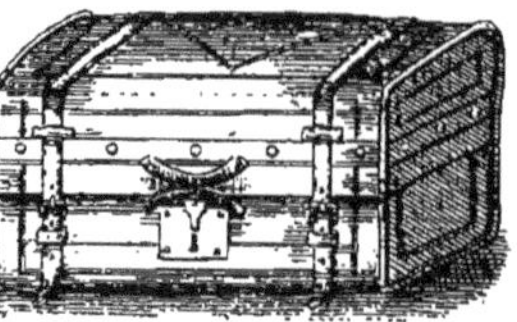

N.º 80 à 83.

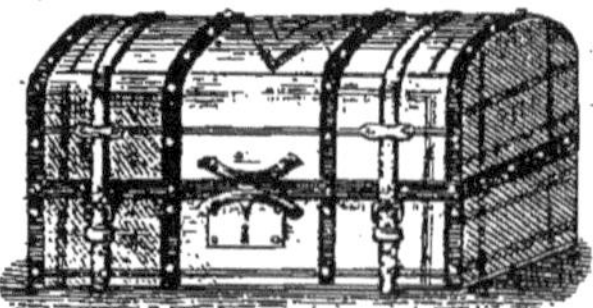

Les N.ºs des dessins correspondent aux N.ºs ci-contre indicatifs des Objets et des Prix.

Lith. Barthe, rue de Provence, 18

Gravé chez J. A. Laridd

Désignation des Articles

N°	Désignation des Articles	Longueur	Largeur	Hauteur	F.	C.
1	Malle Jumelle, vache jointe, cuir fort, 1re qualité	65 Centimètres	36 Centimètres	32 Centimètres	160	
2	d°	70	40	34	105	
3	d°	75	40	36	118	
4	d°	80	42	39	133	
5	d° vache bordée, cuir moins fort	65	36	32	75	
6	d°	70	40	36	85	
7	d°	75	40	36	90	
8	d°	80	42	39	95	
9	d° toile à voile, même façon	65	34	32	35	
10	d°	70	40	34	40	
11	d°	75	40	36	42	
12	d°	80	42	39	47	
13	Malle Jumelle, vache ou cheval joint, modèle ordinaire	65	35	30	65	
14	d°	70	39	32	70	
15	d°	75	40	33	72	
16	d°	80	42	33	80	
17	Malle Jumelle, cheval ou sanglier, bordé, modèle ordinaire	65	35	30	39	
18	d°	70	39	32	45	
19	d°	75	40	33	50	
20	d°	80	42	36	55	
21	d° Mouton ou toile à voile d°	65	35	30	25	
22	d°	70	39	32	26	
23	d°	75	40	33	29	
24	d°	80	42	35	33	
25	Malle bain de cuvette, vache jointe, cuir fort, 1re qualité	65	36	32	110	
26	d°	70	40	35	120	
27	d°	75	40	35	135	
28	d°	80	42	37	146	
29	d° vache bordée, cuir moins fort	65	36	32	85	
30	d°	70	40	35	90	
31	d°	75	40	35	95	
32	d°	80	42	37	105	
33	d° toile à voile, même façon	65	36	32	45	
34	d°	70	40	35	60	
35	d°	75	40	35	52	
36	d°	80	42	37	57	
37	Malle Américaine, 1re qualité, forcée et rivée, bois couvert toile à voile, 2 cuvettes mobiles	65	36	33	54	
38	d°	70	38	36	56	
39	d°	75	38	36	58	
40	d°	80	39	38	60	
41	d° (avec disposition pour recevoir un chapeau d'homme)	80	41	39	73	
42	d°	85	46	46	85	
43	Malle Américaine ordinaire, forcée, bois couvert toile à voile ou mouton, 2 cuvettes mobiles	65	35	33	32	
44	d°	70	38	36	35	
45	d°	75	38	36	37	
46	d°	80	39	38	39	
47	Malle bain de cuvette, forcée, bois couvert toile à voile, 2 cuvettes mobiles	65	38	33	47	
48	d°	70	38	36	49	
49	d°	75	38	36	51	
50	d°	80	39	38	53	
51	d°	85	41	39	56	
52	d° un chassis et dispos.t recevoir un chapeau d'homme	70	43	36	55	
53	d°	75	43	35	57	
54	d° 2 chassis d° d°	80	46	46	60	
55	d°	85	46	46	62	
56	Malle Chemin de fer jumelle, vache jointe, cuir fort, 1re qualité	50	28	20	60	
57	d°	55	30	22	65	
58	d°	60	32	26	70	
59	d°	65	34	28	75	
60	d° vache bordée, cuir moins fort, 1re qualité	50	28	20	45	
61	d°	55	30	22	50	
62	d°	60	32	26	55	
63	d°	65	34	28	60	
64	d° toile à voile même façon	60	28	20	23	
65	d°	65	30	22	25	
66	d°	60	32	26	28	
67	d°	65	34	28	30	
68	Malle Chemin de fer jumelle, vache ou cheval joint, modèle ordinaire	50	28	20	36	
69	d°	55	30	21	39	
70	d°	60	31	23	42	
71	d°	65	34	25	45	
72	d° cheval ou sanglier bordé d°	50	28	20	25	
73	d°	55	30	21	27	
74	d°	60	31	23	19	
75	d°	65	34	25	32	
76	d° mouton ou toile à voile d°	50	28	20	15	
77	d°	55	30	21	16	
78	d°	60	31	23	17	
79	d°	65	34	25	20	
80	Malle Chemin de fer jumelle, bois forcé, couvert mouton ou toile à voile	50	30	20	20	
81	d°	55	31	21	22	
82	d°	60	32	22	24	
83	d°	65	33	23	26	

Les demandes d'envoi doivent indiquer exactement le N° de chaque article.

VOYAGE

VALISES & ETUIS À CHAPEAUX.

N.º 84 à 95.

N.º 96 à 107.

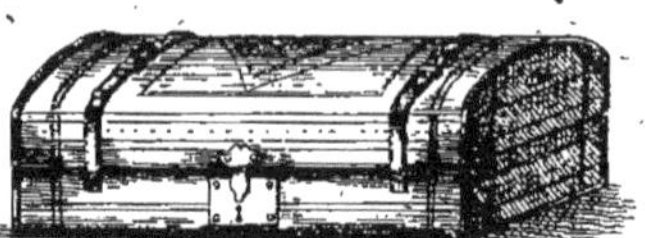

N.º 108 à 115.

N.º 116 à 123.

N.º 116 ouverte.

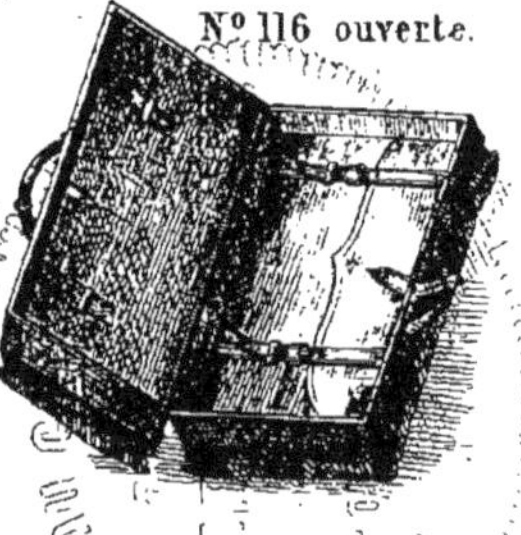

N.º 124 à 131.

N.º 132.

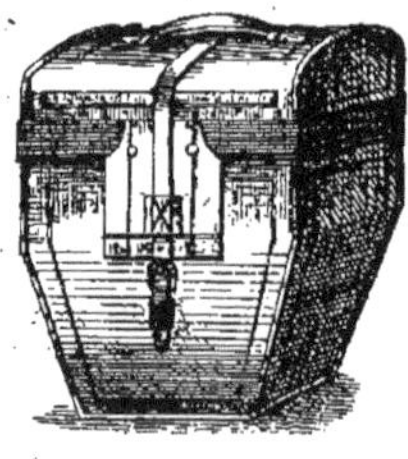

N.º 133.

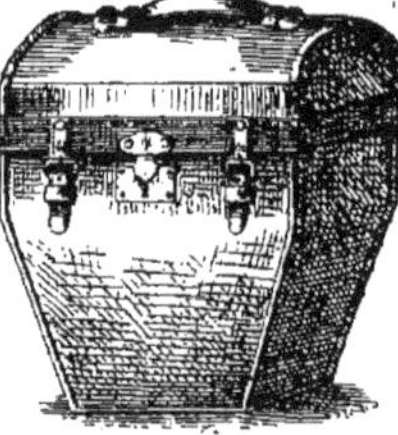

N.º 134.

N.º 135.

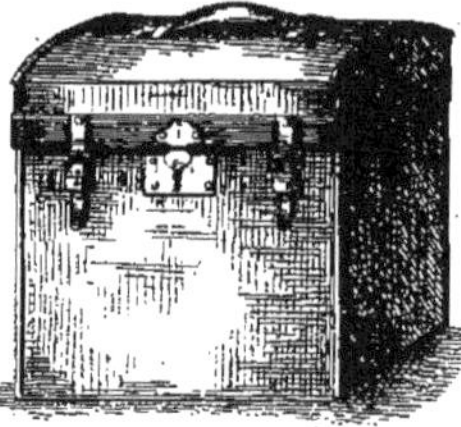

N.º 136 à 141.

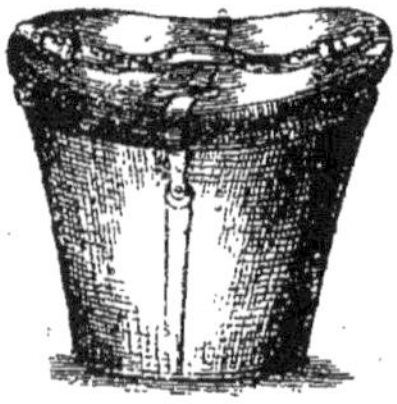

N.º 142.

N.º 143.

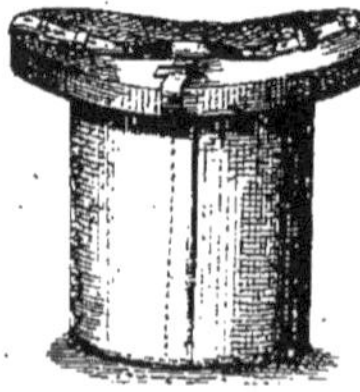

N.º 144.

Les N.ºˢ des dessins correspondent aux N.ºˢ ci-contre indicatifs des Objets et des Prix.

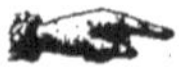

N°	Désignation des Articles	Mesures extérieures			Prix-Fixe	
		Longueur	Largeur	Hauteur	F.	C.
84	Valise française, vache jointe, cuir fort, 1re qualité	40 Centimètres	28 Centimètres	12 Centimètres	26	
85	d° d° d° d°	45	26	13	28	
86	d° d° d° d°	50	27	14	35	
87	d° d° d° d°	55	28	15	38	
88	d° d° d° d°	60	32	17	42	
89	d° d° d° d°	65	33	17	45	
90	d° modèle fin, en toile à voile grise	40	26	13	13	
91	d° d° d°	45	26	13	14	
92	d° d° d°	50	27	14	16	
93	d° d° d°	55	28	15	17	
94	d° d° d°	60	32	17	19	
95	d° d° d°	65	33	17	20	
96	Valise française, ordinaire, cheval joint	40	24	12	20	
97	d° d° d°	45	24	12	23	
98	d° d° d°	50	25	13	25	
99	d° d° d°	55	26	14	28	
100	d° d° d°	60	27	15	30	
101	d° d° d°	65	28	16	33	
102	d° d° toile à voile ou mouton jaune	40	24	12	11	
103	d° d° d°	45	24	12	12	
104	d° d° d° d°	50	25	13	13	
105	d° d° d° d°	55	26	14	14	
106	d° d° d° d°	60	27	15	15	
107	d° d° d° d°	65	28	16	16	
108	Valise série, vache jointe	25	15	12	23	
109	d° d°	30	16	13	25	
110	d° d°	35	18	14	27	
111	d° d°	40	22	15	29	
112	d° mouton ou toile à voile	25	15	12	10	
113	d° d° d°	30	16	13	11	
114	d° d° d°	35	18	14	12	
115	d° d° d°	40	22	15	13	
116	Valise à double soufflet, vache vernie, avec courroies	45	30	22	52	
117	d° d° d°	50	31	23	55	
118	d° d° d°	55	32	23	58	
119	d° d° d°	60	34	24	61	
120	Valise pareille, toile cuir noir, toile grise, mouton jaune	45	30	22	22	
121	d° d° d° d° d°	50	31	23	24	
122	d° d° d° d° d°	55	32	23	26	
123	d° d° d° d° d°	60	34	24	28	
124	Valise avec un seul soufflet en vache vernie	45	30	22	52	
125	d° d° d°	50	31	23	55	
126	d° d° d°	55	32	23	58	
127	d° d° d°	60	34	24	61	
128	Même Valise toile cuir, toile grise, mouton jaune	45	30	22	22	
129	d° d° d° d°	50	31	23	24	
130	d° d° d° d°	55	32	23	26	
131	d° d° d° d°	60	34	24	28	
132	Étui à chapeau, forme carrée, modèle fin, couvert vache				40	
133	d° d° couvert mouton ou toile				13	
134	d° d° avec soufflet dessus mouton ou toile				30	
135	d° d° ou étui malle, couvert toile à voile				19	
136	d° rond, forme seau, couvert en vache, doublé velours				31	
137	d° d° d° d° doublé toile				28	
138	d° d° d° sanglier d°				18	
139	d° d° d° toile à voile ou mouton				9	
140	d° modèle ordinaire d° d°				7	50
141	d° d° sans couronne intérieure d°				6	
142	d° forme Anglaise d° d° mouton				6	
143	d° omnibus bords plats d°				4	
144	d° Gibus d°				5	50

Les demandes d'envoi doivent indiquer exactement le N° de chaque article.

VOYAGE

CAISSES POUR DAMES.

N.º 145 a 155.

N.º 156 à 167.

N.º 168 à 175.

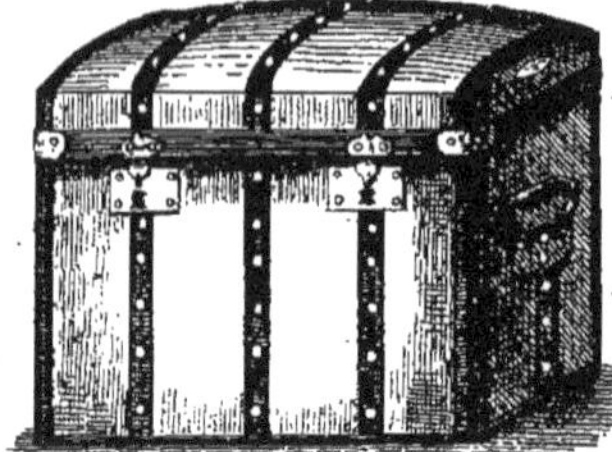

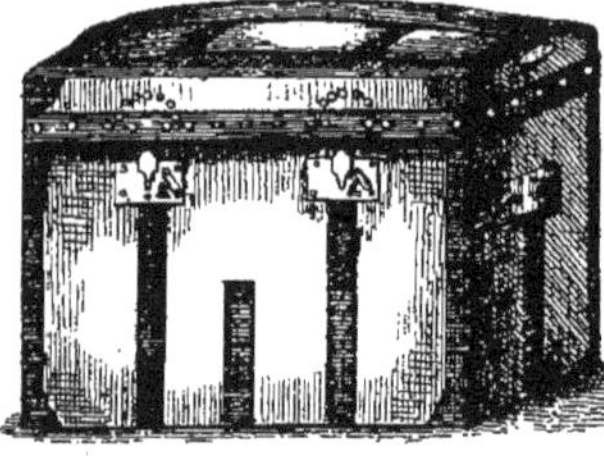

N.º 176 à 186.

N.º 187 à 193.

N.º 194 à 200.

N.º 201 à 207.

N.º 208 à 215.

N.º 216 à 223.

Les N.ºˢ des dessins correspondent aux N.ºˢ ci-contre indicatifs des Objets et des Prix. 

Désignation des Articles.

N°.	Désignation des Articles.	Longueur	Largeur	Hauteur	F.	C.
		Mesures extérieures			**Prix-Fixe.**	
145	Caisse Américaine, couverte toile à voile grise, ferrée et rivée, Poignées cuir, 2 chassis à robes, un chassis à linge, un casier à chapeaux	70 Centimèt.	52 Centimèt.	60 Centimèt.	64	
146	d°	75	53	60	67	
147	d°	80	54	60	70	
148	d°	85	55	60	73	
149	d°	90	56	60	76	
150	d°	95	57	60	79	
151	d°	100	58	60	82	
152	d°	105	59	60	85	
153	d°	110	60	60	88	
154	d°	115	61	60	95	
155	d°	120	62	60	100	
156	Caisse ½ fine ferrée, couverte toile grise, poignées fer, serrures ordinaires, deux chassis à robes, emplacement pour linge et chapeaux	65	42	60	22	
157	d°	70	44	60	24	
158	d°	75	46	60	28	
159	d°	80	51	60	30	
160	d°	85	53	60	32	
161	d°	90	55	60	34	
162	d°	95	56	60	36	
163	d°	100	57	60	38	
164	d°	105	58	60	42	
165	d°	110	60	60	44	
166	d°	115	61	60	46	
167	d°	120	62	60	48	
168	Caisse ordinaire noire, couverte toile cirée, serrures ordinaires, deux chassis à robes, emplacement pour linge en chapeaux	65	42	60	14	
169	d°	70	45	60	16	
170	d°	75	46	60	18	
171	d°	80	51	60	20	
172	d°	85	53	60	22	
173	d°	90	55	60	24	
174	d°	95	56	60	26	
175	d°	100	58	60	28	
176	Caisse Américaine ferrée et rivée, poignées cuir, deux chassis à robes, un chassis à linge, un casier à chapeaux, cuvette et tiroirs au couvercle	70	52	64	72	
177	d°	75	53	64	75	
178	d°	80	54	64	80	
179	d°	85	55	64	85	
180	d°	90	56	64	85	
181	d°	95	57	64	88	
182	d°	100	58	64	92	
183	d°	105	59	64	95	
184	d°	110	60	64	100	
185	d°	115	61	64	105	
186	d°	120	62	64	110	
187	Caisse ½ fine ferrée, poignées fer, serrures ordinaires, deux chassis à robes, emplacement pour linge et chapeaux, cuvette et tiroirs au couvercle	65	43	65	29	
188	d°	70	45	65	31	
189	d°	75	47	65	33	
190	d°	80	53	65	35	
190 bis	d°	85	53	65	38	
191	d°	90	56	65	40	
192	d°	95	57	65	43	
193	d°	100	58	65	46	
194	Caisse ordinaire noire, couverte toile cirée, serrures ordinaires, deux chassis à robes, emplacement pour linge en chapeaux, tiroirs au couvercle	65	43	65	20	
195	d°	70	45	65	23	
196	d°	75	47	65	26	
197	d°	80	52	65	29	
198	d°	85	53	65	32	
199	d°	90	56	65	35	
200	d°	95	57	65	38	
201	Caisse Américaine, couverte toile à voile grise, ferrée et rivée, poignées cuir, un chassis à robes, un chassis à linge, un casier pour chapeaux	70	52	50	60	
202	d°	75	53	50	63	
203	d°	80	54	50	67	
204	d°	85	55	50	70	
205	d°	90	56	50	73	
206	d°	95	57	50	76	
207	d°	100	58	50	80	
208	Caisse ½ fine ferrée, couverte toile grise, poignées fer, serrures ordinaires, 1 chassis à robes, emplacement pour linge et chapeaux	65	43	50	20	
209	d°	70	45	50	22	
210	d°	75	47	50	24	
211	d°	80	52	50	26	
212	d°	85	53	50	28	
213	d°	90	56	50	30	
214	d°	95	57	50	32	
215	d°	100	59	50	34	
216	Caisse ordinaire noire, couverte toile cirée, serrure ord.ᵉ, un chassis à robes, emplacement p.ʳ linge en chapeaux	65	43	50	13	
217	d°	70	45	50	14	
218	d°	75	47	50	15	
219	d°	80	53	50	17	
220	d°	85	53	50	19	
221	d°	90	56	50	21	
222	d°	95	57	50	24	
223	d°	100	59	50	26	

Les demandes d'envoi doivent indiquer exactement le N° de chaque article.

VOYAGE

CAISSES À CHAPEAUX POUR DAMES, COFFRES À LINGE

Nº 224 à 226.

Nº 227.

Nº 228.

Nº 224.
ouverte

Nº 229 à 235.

Nº 236 à 243.
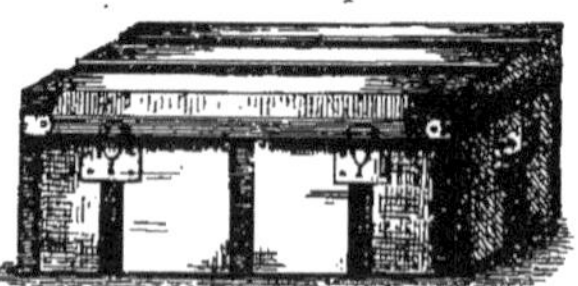

Nº 244 à 251.

Les Nᵒˢ des dessins correspondent aux Nᵒˢ ci-contre indicatifs des Objets et des Prix. 

N.ᵒˢ	Désignation des Articles.	Mesures extérieures			Prix-Fixe	
		Longueur.	Largeur.	Hauteur.	F.	C.
224	Caisse Américaine, couverte toile à voile grise, ferrée et rivée, poignées cuir avec casier mobile, mécaniques pour le placement de 4 chapeaux	80 Centimèt.	40 Centimèt.	40 Centimèt.	40	.
225	Même que ci-dessus 3 chapeaux	60	40	40	35	.
226	dᵒ. dᵒ. 2 dᵒ.	40	40	40	22	.
227	Caisse carrée ordinaire, bois blanc pour un chapeau	34	32	30	3	.
228	Même que ci-dessus 2 chapeaux	58	32	30	4	.
229	Coffre Américain, couvert toile à voile grise, ferré et rivé, doublé toile, poignées cuir, un chassis à linge dᵒ. dᵒ. dᵒ.	70	50	30	45	.
230	dᵒ. dᵒ. dᵒ. dᵒ. dᵒ.	75	51	31	50	.
231	dᵒ. dᵒ. dᵒ. dᵒ. dᵒ.	80	52	32	55	.
232	dᵒ. dᵒ. dᵒ. dᵒ. dᵒ.	85	53	33	58	.
233	dᵒ. dᵒ. dᵒ. dᵒ. dᵒ.	90	54	34	60	.
234	dᵒ. dᵒ. dᵒ. dᵒ. dᵒ.	95	55	35	63	.
235	dᵒ. dᵒ. dᵒ. dᵒ. dᵒ.	100	56	36	65	.
236	Coffre plat ½ fin, couvert toile grise, ferré, doublé papier, un chassis à linge	65	37	34	17	.
237	dᵒ. dᵒ. dᵒ. dᵒ. dᵒ.	70	39	35	18	.
238	dᵒ. dᵒ. dᵒ. dᵒ. dᵒ.	75	42	37	20	.
239	dᵒ. dᵒ. dᵒ. dᵒ. dᵒ.	80	45	38	22	.
240	dᵒ. dᵒ. dᵒ. dᵒ. dᵒ.	85	48	39	23	.
241	dᵒ. dᵒ. dᵒ. dᵒ. dᵒ.	90	50	40	25	.
242	dᵒ. dᵒ. dᵒ. dᵒ. dᵒ.	95	51	41	29	.
243	dᵒ. dᵒ. dᵒ. dᵒ. dᵒ.	100	54	43	32	.
244	Coffre plat ordinaire, couvert toile cirée, ferré, doublé papier, un chassis à linge	65	37	34	9	.
245	dᵒ. dᵒ. dᵒ. dᵒ. dᵒ.	70	39	35	10	.
246	dᵒ. dᵒ. dᵒ. dᵒ. dᵒ.	75	42	37	11	.
247	dᵒ. dᵒ. dᵒ. dᵒ. dᵒ.	80	45	38	12	.
248	dᵒ. dᵒ. dᵒ. dᵒ. dᵒ.	85	48	39	14	.
249	dᵒ. dᵒ. dᵒ. dᵒ. dᵒ.	90	50	40	15	.
250	dᵒ. dᵒ. dᵒ. dᵒ. dᵒ.	95	51	41	17	.
251	dᵒ. dᵒ. dᵒ. dᵒ. dᵒ.	100	54	43	20	.

Les demandes d'envoi doivent indiquer exactement le Nᵒ de chaque article.

FABRIQUE
— et —
Magasins de vente

Commission-Exportation.

DOCK DU CAMPEMENT

14, Boulevart Poissonnière, à PARIS

FOURNITURES
pour l'Armée,
les Chemins de Fer,
les Administrations
etc.

VOYAGE

SACS MALLES, SACS DE NUIT ORD^{RES}

N.º 252 à 261.

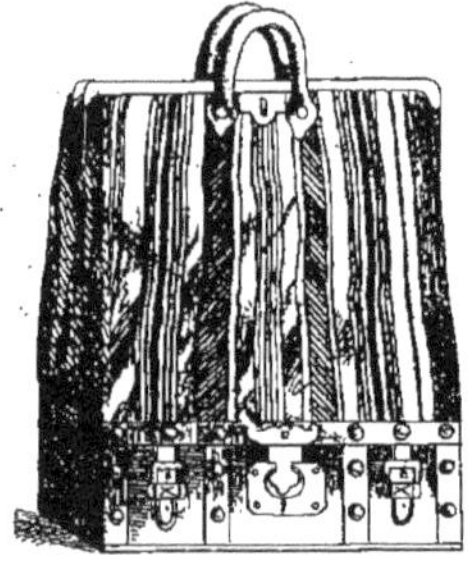

N.º 262 à 266.

N.º 267 à 271.

N.º 272 à 276.

N.º 277 à 286

N.º 287 à 291.

N.º 292 à 307

N.º 308 à 311.

N.º 312 à 315.

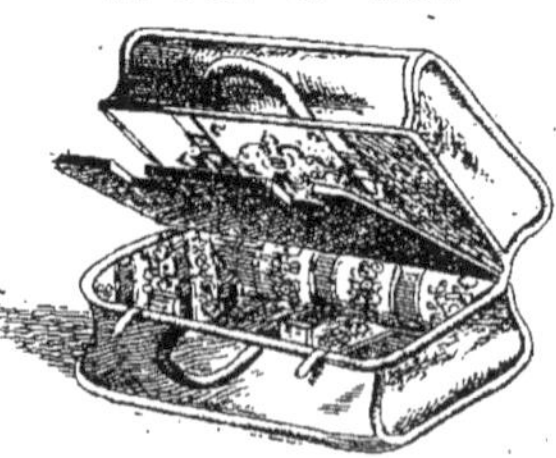

Les N.ᵒˢ des dessins correspondent aux N.ᵒˢ ci-contre indicatifs des Objets et des Prix. 

Lith. Barthe, rue de Provence, 18 — Gravé chez J. A. Lands

N°ˢ	Désignation des Articles	Longueur	Largeur	F	C
252	Sac de nuit avec malle dessous, le sac en coton rayé, la malle en bois couverte mouton	40	20	9	
253	d° d° d° d° d°	45	21	10	
254	d° d° d° d° d°	50	23	12	
255	d° d° d° d° d°	55	26	13	
256	d° d° d° d° d°	60	28	14	
257	d° d° d° en laine rayée, ressort fin d°	40	20	13	
258	d° d° d° d° d°	45	21	14	
259	d° d° d° d° d°	50	23	15	
260	d° d° d° d° d°	55	26	16	
261	d° d° d° d° d°	60	28	18	
262	d° d° d° en moquette, la malle couverte en chèvre vernie	40	20	19	
263	d° d° d° d° d°	45	21	21	
264	d° d° d° d° d°	50	23	23	
265	d° d° d° d° d°	55	26	26	
266	d° d° d° d° d°	60	28	28	
267	d° d° d° en la boite entièrement toile à voile	40	25	17	
268	d° d° d° d° d°	45	26	18	
269	d° d° d° d° d°	50	28	20	
270	d° d° d° d° d°	55	31	22	
271	d° d° d° d° d°	60	33	24	
272	d° d° entièrement en vache vernie	40	20	33	
273	d° d° d° d°	45	21	36	
274	d° d° d° d°	50	23	40	
275	d° d° d° d°	55	26	46	
276	d° d° d° d°	60	28	50	
277	d° avec fond, étoffe coton rayé, doublé coutil	40		5	
278	d° d° d° d°	45		5	50
279	d° d° d° d°	50		6	
280	d° d° d° d°	55		7	
281	d° d° d° d°	60		8	
282	d° d° étoffe laine d°	40		7	50
283	d° d° d° d°	45		8	
284	d° d° d° d°	50		8	50
285	d° d° d° d°	55		9	
286	d° d° d° d°	60		10	
287	d° d° moquette, doublé toile	40		17	
288	d° d° d°	45		18	
289	d° d° d°	50		19	
290	d° d° d°	55		20	
291	d° d° d°	60		22	
292	d° d° toile à voile	40		9	
293	d° d° d°	45		10	
294	d° d° d°	50		11	
295	d° d° d°	55		12	
296	d° d° d°	60		13	
297	d° d° vache vernie	35		17	
298	d° d° d°	40		19	
299	d° d° d°	45		21	
300	d° d° d°	50		24	
301	d° d° d°	55		27	
302	d° d° d°	60		30	
303	d° d° ordinaire mouton noir quadrillé	40		9	
304	d° d° d° d°	45		10	50
305	d° d° d° d°	50		11	50
306	d° d° d° d°	55		13	
307	d° d° d° d°	60		15	
308	Sac jumelle, toile cuir à séparation intérieure	40		14	
309	d° d° d°	45		16	
310	d° d° d°	50		17	
311	d° d° d°	55		18	
312	d° vache vernie d°	40		27	
313	d° d° d°	45		30	
314	d° d° d°	50		32	
315	d° d° d°	55		35	

Les demandes d'envoi doivent indiquer exactement le N° de chaque article.

VOYAGE

SACS DE NUIT, SACS FANTAISIE.

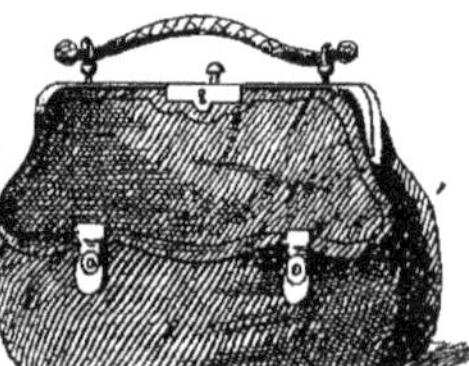

Les Nºˢ des dessins correspondent aux Nºˢ ci-contre indicatifs des Objets et des Prix.

N°	Désignation des Articles	Mesures extérieures	F.	C.
316	Sac de nuit à souffler, toile cuir	35 Centimètres	8	
317	d°. d°. d°.	40	9	
318	d°. d°. d°.	45	10	
319	d°. d°. d°.	50	11	
320	d°. d°. d°.	55	12	
321	d°. d°. d°.	60	13	
322	d°. d°. mouton chagrin	35	13	
323	d°. d°. d°.	40	15	
324	d°. d°. d°.	45	17	
325	d°. d°. d°.	50	19	
326	d°. d°. d°.	55	21	
327	d°. d°. d°.	60	23	
328	d°. d°. vache vernie	35	20	
329	d°. d°. d°.	40	22	
330	d°. d°. d°.	45	24	
331	d°. d°. d°.	50	27	
332	d°. d°. d°.	55	30	
333	d°. d°. d°.	60	33	
334	Sac à la main, mouton chagrin, doublé moleskine	30	11	50
335	d°. d°. d°.	33	12	50
336	d°. d°. d°.	35	13	50
337	d°. d°. d°.	38	14	
338	d°. d°. d°.	40	16	
339	d°. vache vernie, doublé peau	27	18	
340	d°. d°. d°.	30	19	
341	d°. d°. d°.	33	21	
342	d°. d°. d°.	35	23	
343	d°. d°. d°.	38	25	
344	d°. d°. d°.	40	27	
345	Sac fantaisie, fond rond, mouton chagriné, doublé peau	27	19	
346	d°. d°. d°.	30	20	
347	d°. d°. d°.	33	22	
348	d°. d°. d°.	35	23	
349	d°. d°. d°.	38	25	
350	d°. d°. d°.	40	27	
351	d°. d°. maroquin	27	22	
352	d°. d°. d°.	30	23	
353	d°. d°. d°.	33	25	
354	d°. d°. d°.	35	26	
355	d°. d°. d°.	38	28	
356	d°. d°. d°.	40	30	
357	d°. fond carré, mouton, doublé peau	27	32	
358	d°. d°. d°. d°.	30	33	
359	d°. d°. d°. d°.	33	34	
360	d°. d°. d°. d°.	35	35	
361	d°. d°. d°. d°.	38	37	
362	d°. d°. d°. d°.	40	38	
363	d°. d°. maroquin, modèle extra	27	42	
364	d°. d°. d°.	30	43	
365	d°. d°. d°.	33	45	
366	d°. d°. d°.	35	47	
367	d°. d°. d°.	38	49	
368	d°. d°. d°.	40	51	

Les demandes d'envoi doivent indiquer exactément le N° de chaque article.

VOYAGE

SACS DE DAMES.

N.º 369 à 374.

N.º 375 à 380.

N.º 381 à 386.

N.º 381 à 386.

N.º 387 à 392.

N.º 387 à 392.

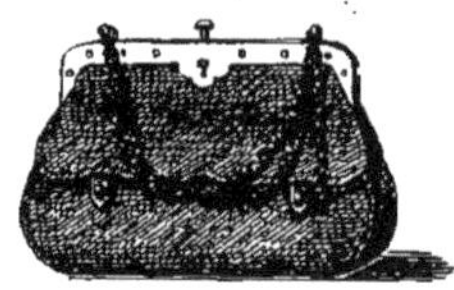

N.º 393 à 398.

N.º 399 à 404.

N.º 405 à 407.

Les N.ºˢ des dessins correspondent aux N.ºˢ ci-contre indicatifs des Objets et des Prix.

N.ᵒˢ	Désignation des Articles	Mesures extérieures	F.	C.
369	Sac fantaisie, mouton, fond souple, doublé damas	27 Centimètres	20	.
370	d°. d°. d°. d°.	30	21	.
371	d°. d°. d°. d°.	33	22	.
372	d°. d°. d°. d°.	35	23	.
373	d°. d°. d°. d°.	38	25	.
374	d°. d°. d°. d°.	40	26	.
375	d°. maroquin, fond souple, doublé peau	27	20	.
376	d°. d°. d°. d°.	30	22	.
377	d°. d°. d°. d°.	33	24	.
378	d°. d°. d°. d°.	35	26	.
379	d°. d°. d°. d°.	38	28	.
380	d°. d°. d°. d°.	40	30	.
381	Cabas mouton, ordinaire, fond dur ou souple, à chaîne ou poignée	18	6	.
382	d°. d°. d°. d°.	20	7	.
383	d°. d°. d°. d°.	22	8	.
384	d°. d°. d°. d°.	25	9	.
385	d°. d°. d°. d°.	27	11	.
386	d°. d°. d°. d°.	30	12	.
387	d°. fin, fond dur ou souple, à chaîne ou poignée	18	9	.
388	d°. d°. d°.	20	10	.
389	d°. d°. d°.	22	10	50
390	d°. d°. d°.	25	13	.
391	d°. d°. d°.	27	14	.
392	d°. d°. d°.	30	15	.
393	Cabas maroquin, ordinaire, à chaîne ou poignée, fond dur ou souple	18	9	.
394	d°. d°. d°. d°.	20	9	50
395	d°. d°. d°. d°.	22	10	50
396	d°. d°. d°. d°.	25	11	50
397	d°. d°. d°. d°.	27	14	.
398	d°. d°. d°. d°.	30	15	.
399	d°. fin, à chaîne ou poignée, modèle extra, fond dur ou souple	18	16	.
400	d°. d°. d°.	20	17	.
401	d°. d°. d°.	22	18	.
402	d°. d°. d°.	25	19	.
403	d°. d°. d°.	27	21	.
404	d°. d°. d°.	30	23	.
405	Sac sans fermoir en toile cuir, dit sac de bain, petit modèle		3	.
406	d°. d°. d°. moyen d°.		3	50
407	d°. d°. d°. grand d°.		4	25

Les demandes d'envoi doivent indiquer exactement le Nᵒ de chaque article.

VOYAGE

GIBECIÈRES, SACS D'OFFICIERS, SACS DE TOURISTES.

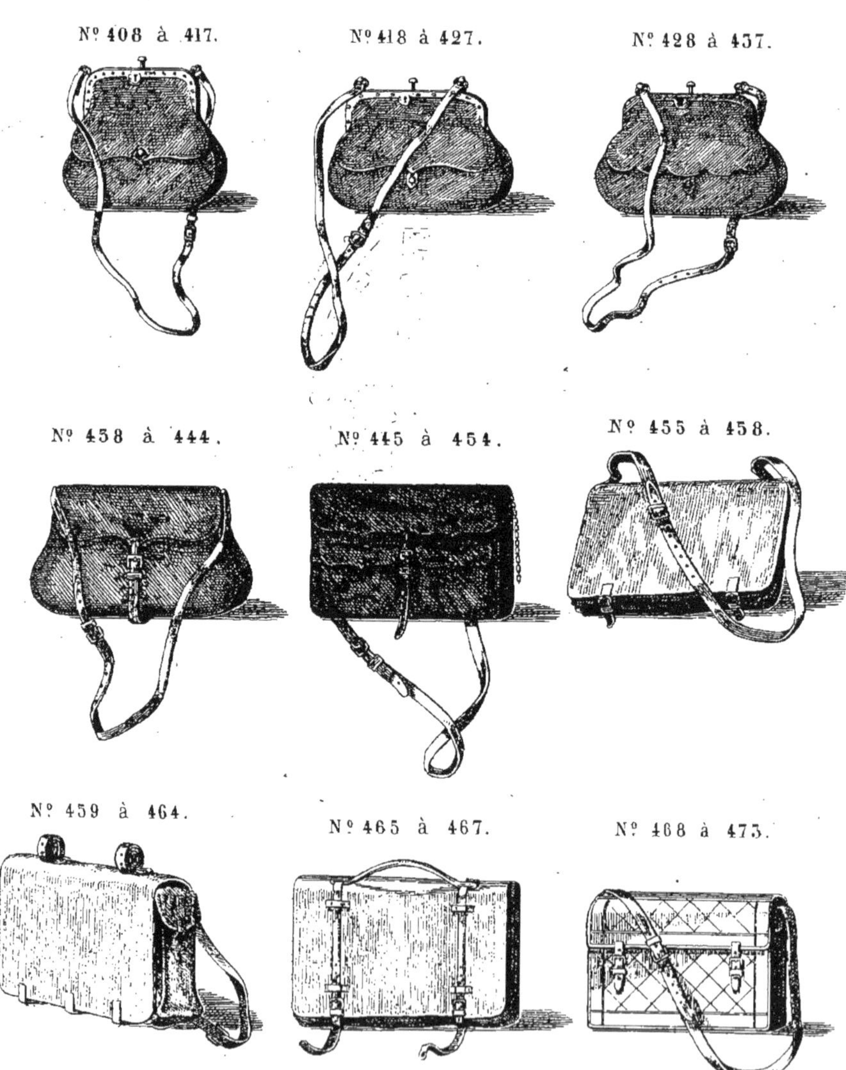

Les N.ᵒˢ des dessins correspondent aux N.ᵒˢ ci-contre indicatifs des Objets et des Prix.

Désignation des Articles.

Mesures extérieures. **Prix Fixe.**

Nos	Désignation des Articles	Mesures extérieures (pouces)	(centimètres)	F.	C.
408	Gibecière ordinaire, mouton, à serrure, ressort cuivre, à banderolle	5 pouces	14 centimètres	6	50
409	d°. d°. d°. d°. d°.	6	16	7	.
410	d°. d°. d°. d°. d°.	7	19	8	.
411	d°. d°. d°. d°. d°.	8	22	9	50
412	d°. d°. d°. d°. d°.	9	24	11	.
413	d°. d°. mouton, ressort fer poli	5	14	7	25
414	d°. d°. d°.	6	16	7	75
415	d°. d°. d°.	7	19	8	75
416	d°. d°. d°.	8	22	10	25
417	d°. d°. d°.	9	24	12	.
418	d°. maroquin, 1re qualité, ressort cuivre, doublé chamois ou rouge	5	14	11	50
419	d°. d°. d°. d°. d°.	6	16	12	50
420	d°. d°. d°. d°. d°.	7	19	13	50
421	d°. d°. d°. d°. d°.	8	22	17	.
422	d°. d°. d°. d°. d°.	9	24	20	.
423	d°. d°. d°. ressort acier poli, d°.	5	14	12	25
424	d°. d°. d°. d°.	6	16	13	25
425	d°. d°. d°. d°.	7	19	14	25
426	d°. d°. d°. d°.	8	22	17	75
427	d°. d°. d°. d°.	9	24	24	.
428	d°. mouton, ressort couvert cuir	5	14	11	50
429	d°. d°. d°.	6	16	12	50
430	d°. d°. d°.	7	19	13	60
431	d°. d°. d°.	8	22	15	.
432	d°. d°. d°.	9	24	17	.
433	d°. maroquin d°. doublé peau rouge	5	14	15	.
434	d°. d°. d°.	6	16	16	.
435	d°. d°. d°.	7	19	17	.
436	d°. d°. d°.	8	22	19	.
437	d°. d°. d°.	9	24	20	.
438	d°. mouton chagrin, à ressort, dite sac d'officier	10	27	21	.
439	d°. d°.	11	30	22	.
440	d°. d°.	12	33	24	.
441	d°. maroquin d°.	10	27	27	.
442	d°. d°.	11	30	28	.
443	d°. d°.	12	33	30	.
444	d°. d°.	13	35	33	.
445	Sac de touriste, mouton chagrin ou verni, à poches	10	27	11	.
446	d°. d°. d°.	11	30	12	.
447	d°. d°. d°.	12	33	13	50
448	d°. d°. d°.	13	35	14	50
449	d°. d°. d°.	14	38	16	.
450	d°. d°. fermeture à chaîne	10	27	14	.
451	d°. d°. d°.	11	30	15	.
452	d°. d°. d°.	12	33	16	50
453	d°. d°. d°.	13	35	17	50
454	d°. d°. d°.	14	38	19	.
455	d°. toile à voile, grand recouvrement, Article fin	12	33	13	.
456	d°. d°.	13	35	14	.
457	d°. d°. d°.	14	38	15	.
458	d°. d°. d°.	12	33	20	.
459	Sac d'Artiste, toile à voile, petit modèle			20	.
460	d°. d°. grand d°.			21	.
461	d°. d°. petit d°. patelette, veau marin			25	.
462	d°. grand d°. d°.			26	.
463	d°. cuir verni poulain, petit modèle			26	.
464	d°. d°. grand d°.			27	.
465	Porte-habit, serviette toile à voile, garni de courroies		50 Centimètres	18	.
466	d°. d°.		55	19	.
467	d°. d°. d°.		60	20	.
468	Musette Gibecière d'écolier, ordinaire petit modèle			3	50
469	d°. d°. grand d°.			4	.
470	d°. fine petit d°.			7	.
471	d°. d°. grand d°.			8	.
472	d°. fine à serrure petit d°.			8	.
473	d°. d°. grand d°.			9	.

Les demandes d'envoi doivent indiquer exactement le N°. de chaque article.

FABRIQUE
et
Magasins de vente

Commission-Exportation.

DOCK DU CAMPEMENT

14, Boulevart Poissonnière, à PARIS

FOURNITURES
pour l'Armée,
les Chemins de Fer,
les Administrations
etc.

VOYAGE

FOURREAUX DE PARAPLUIES, CEINTURES, COUSSINS, ETC.ᴬ

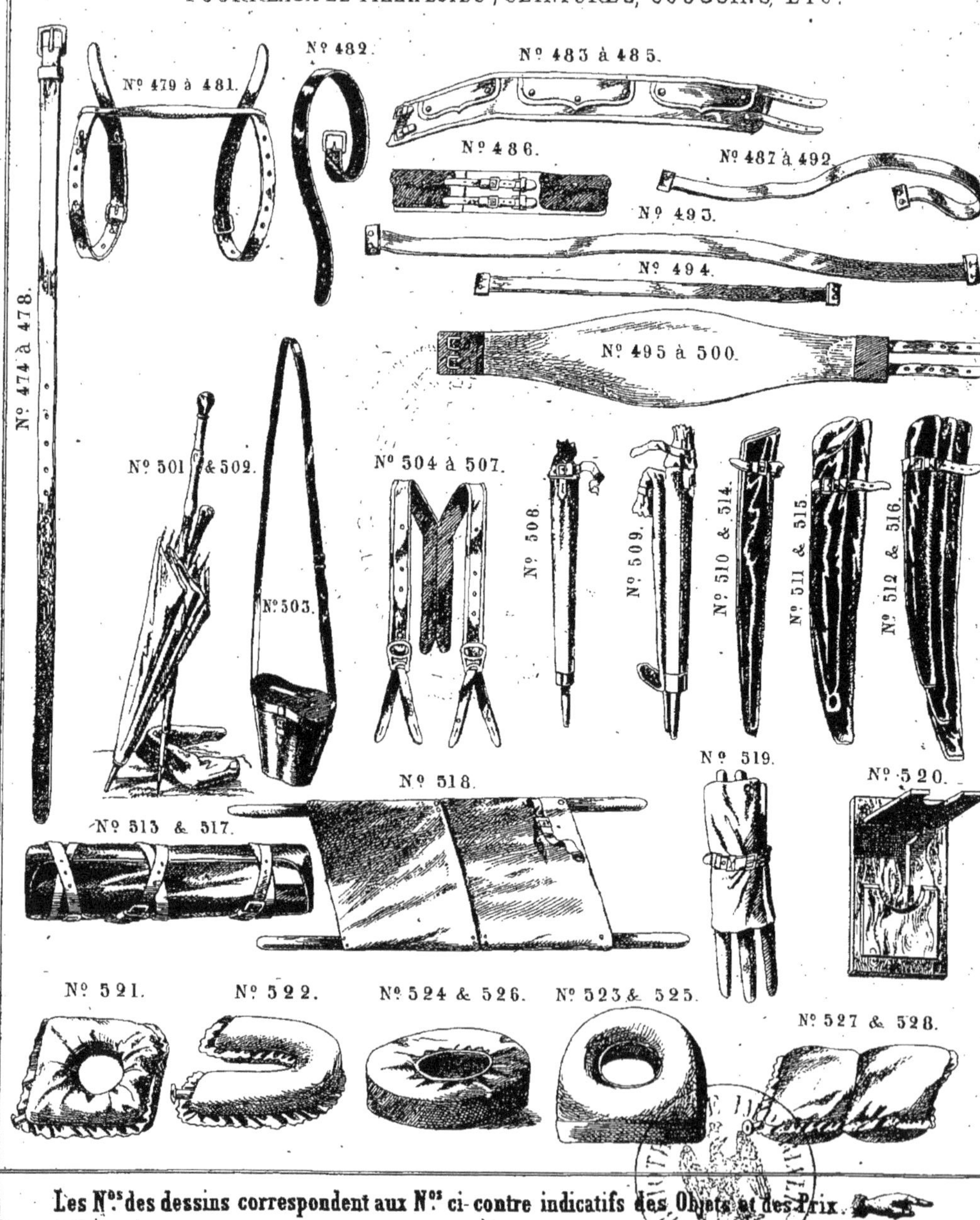

Les Nᵒˢ des dessins correspondent aux Nᵒˢ ci-contre indicatifs des Objets et des Prix.

Lith Barthe, rue d- Provence, 18.   Gravé chez J.A. Lands

N.os	Désignation des Articles.	F.	C.
474	Courroie simple, cuir jaune ou noir, largeur 6 lignes ou 13 millim, le mètre	.	75
475	d° d° d° 8 18 d°	.	90
476	d° d° d° 10 23 d°	1	20
477	d° d° d° 12 27 d°	1	55
478	d° d° d° 14 32 d°	1	75
479	Courroie double avec poignée longueur 1m boucles blanches	2	50
480	d° d° d° 1m 10 d° fines	3	.
481	d° forte et plus large d° 1m 20 d° fortes	3	50
482	Ceinture cuir verni ou bruni, largeur 32 millim. boucles fines	1	75
483	d° à argent, coutil fil, 4 cases, 3 poches	5	.
484	d° d° mouton chamois	6	.
485	d° d° veau laqué	8	.
486	d° d° tissu élastique, 2 poches mobiles	12	.
487	d° hygiénique tissu gris, double gomme, plaque argentée, largeur 3c	1	75
488	d° d° d° d° d° 3c 1/2	2	25
489	d° d° d° d° d° 4c 1/2	3	.
490	d° d° tissu soie d° plaque dorée d° 3c	2	75
491	d° d° d° d° 3c 1/2	3	.
492	d° d° d° d° 4c 1/2	4	.
493	d° cavalier tissu gris d° d° 7c 1/2	6	.
494	d° collégien d° d° plaque argentée d° 3c	1	50
495	d° hygiénique ventrière, tissu gris, garniture tissu d° 16c	7	50
496	d° d° d° d° d° 20c	10	50
497	d° d° d° d° d° 24c	13	.
498	d° d° d° d° garniture cuir souple d° 16c	9	.
499	d° d° d° d° d° 20c	12	.
500	d° d° d° d° d° 24c	11	50
501	Parapluie d'Artiste grand modèle, couvert toile, sa pique et son fourreau	20	.
502	d° petit d° d° d°	19	.
503	Étui à lorgnette en cuir jaune ou verni avec banderolle	12	.
504	Bretelles tissu gris, gomme simple, pattes fixes La paire	3	75
505	d° gomme double d° d°	5	.
506	d° gomme simple, pattes croisées en corde d°	7	.
507	d° gomme double d° d°	8	50
508	Fourreau de parapluie ordinaire, à bout cuivre	2	50
509	d° avec emplacement pour canne à bout cuivre	3	.
510	d° souple cuir verni simple	6	.
511	d° d° pour parapluie et canne	7	.
512	d° d° pour 2 parapluies et canne	9	.
513	d° se roulant forme trousse 6 emplacements	27	.
514	d° souple, toile à voile ou toile vernie simple	3	.
515	d° d° d° pour parapluie et canne	4	.
516	d° d° d° pour 2 parapluies et canne	6	.
517	d° se roulant d° forme trousse 6 emplacements	16	.
518	Entredeux de banquettes, pour chemin de fer, garni maroquin, monture acier	32	.
519	Même modèle plié	35	.
520	Petit banc acajou se pliant comme un livre	5	50
521	Coussin à air caoutchouc de toutes formes	10	.
522	Collier d° d°	10	.
523	Coussin carré, peau verte, garni crin et varech	7	.
524	d° rond d° d°	6	.
525	d° carré d° d° tout crin	10	.
526	d° rond d° d°	9	.
527	Oreiller à air, caoutchouc, grand modèle	16	.
528	d° d° petit modèle	13	.

Les demandes d'envoi doivent indiquer exactement le N.° de chaque article.

VOYAGE

TROUSSES, NÉCESSAIRES.

N.º 529 à 543.

N.º 544 & 545.

N.º 546 à 552.

N.º 544 fermée.

N.º 529 fermée.

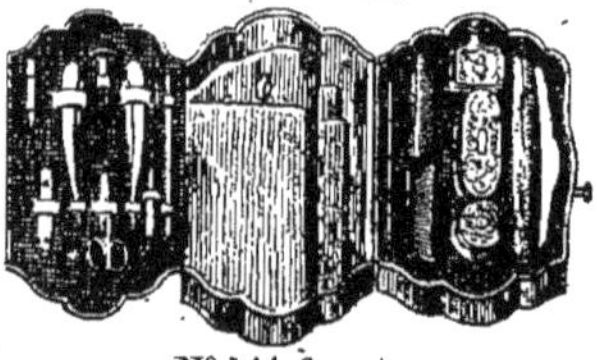

N.º 546, fermée.

N.º 553 à 559.

N.º 560 à 568.

N.º 569 à 583.

N.º 585 à 589.

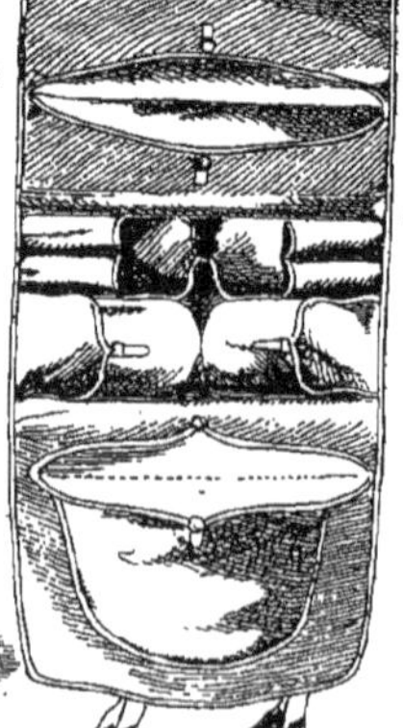

N.º 584.

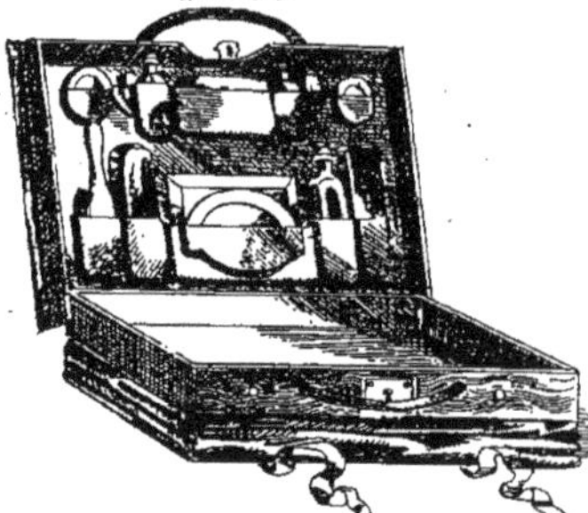

N.º 585, fermée.

N°	Désignation des Articles.	F.	C.
529	Trousse à deux rasoirs ou pour dame	16	
530	d° poignée ou bavettes soie	20	
531	d° d° portefeuille	24	
532	d° pièces supérieures d°	26	
533	d° d° d° rasoirs fins ou coutellerie fine pour dame	32	
534	d° d° d° plaqué à causson	40	
535	d° d° d° d° guillochées	42	
536	d° d° d° pour dame d° d°	45	
537	d° d° d° pour homme ou pour dame d°	53	
538	d° d° d° d° d°	55	
539	d° d° d° d° d°	60	
540	d° d° d° d° d°	65	
541	d° d° d° d° d° cuvettes cristal	70	
542	d° d° d° d° d° d°	75	
543	d° pièces ivoire d° d° d° d°	77	
544	d° d° d° pour dame, cadre doré forme coquille d° d°	70	
545	d° d° d° d° x d° d°	90	
546	d° d° cadre doré pour homme ou pour dame, poignées bronze d°	95	
547	d° d° d° d° d° d°	110	
548	d° d° d° d° d° d°	120	
549	d° pièces extra fines, ivoire et argent d° cuvettes cristal	150	
550	d° d° d° d° d°	165	
551	d° d° d° d° d°	185	
552	d° d° d° d° d°	200	
553	Coffret nécessaire de toilette N° 1	30	
554	d° N° 2	40	
555	d° N° 3	55	
556	d° plaqué cuvettes cristal N° 4	80	
557	d° d° N° 5	100	
558	d° ivoire et argent d° N° 6	160	
559	d° d° N° 7	180	
560	Sac nécessaire garni, pour homme ou pour dame, ordinaire 30 c/	55	
561	d° d° d° ½ fin 30 c/	65	
562	d° d° d° fin 30 c/	75	
563	d° d° d° ½ fin 33 c/	72	
564	d° d° d° fin 33 c/	83	
565	d° d° d° ½ fin 35 c/	83	
566	d° d° d° fin 35 c/	95	
567	d° d° d° ½ fin 38 c/	95	
568	d° d° d° fin 38 c/	110	
569	d° à soufflet maroquin, garni pour homme ou pour dame 24 c/	90	
570	d° d° d° 27 c/	95	
571	d° d° d° 30 c/	105	
572	d° d° d° 33 c/	110	
573	d° d° fin plaqué d° 30 c/	195	
574	d° d° d° d° 33 c/	215	
575	d° d° fin argent d° 30 c/	300	
576	d° d° d° d° 33 c/	325	
577	d° d° extra fin plaqué d° 24 c/	210	
578	d° d° d° d° 27 c/	225	
579	d° d° d° d° 30 c/	235	
580	d° d° d° d° 33 c/	250	
581	d° d° d° d° 24 c/	275	
582	d° d° d° d° 27 c/	310	
583	d° d° d° d° 30 c/	335	
583 bis	d° d° d° d° 33 c/	375	
584	Malle à soufflet garnie, doublée maroquin, nécessaire complet	175	
585	Trousse roulante ordinaire, toile vernie N° 1	3	25
586	d° d° d° N° 2	3	50
587	d° façon fine à recouvrement, grand modèle	7	50
588	d° d° coutil caoutchouc double, petit modèle	9	
589	d° d° d° grand modèle à recouvrement	10	

Les demandes d'envoi doivent indiquer exactement le N° de chaque article.

VOYAGE.

BUFFETS & PHARMACIES.

Nº 590 à 599

Nº 600 à 609.

Nº 610 à 613

Nº 614 à 625.

Nº 626 à 629.

Nº 630.

Nº 631 & 632.

Nº 633.

Nº 634.

Nº 635 & 636.

Nº 637.

Nº 637 fermé.

Nº 638 à 641.

Nº 642.

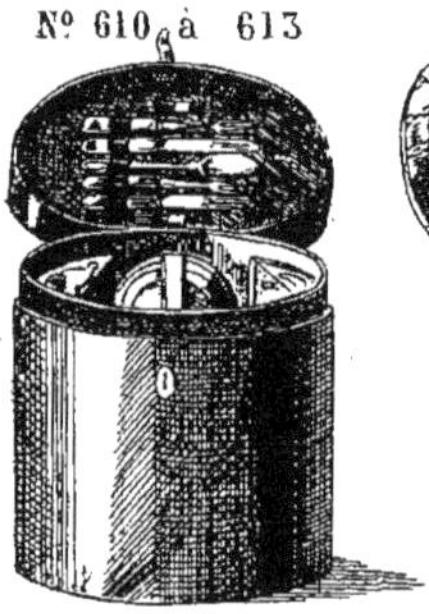

Nº 643 & 644.

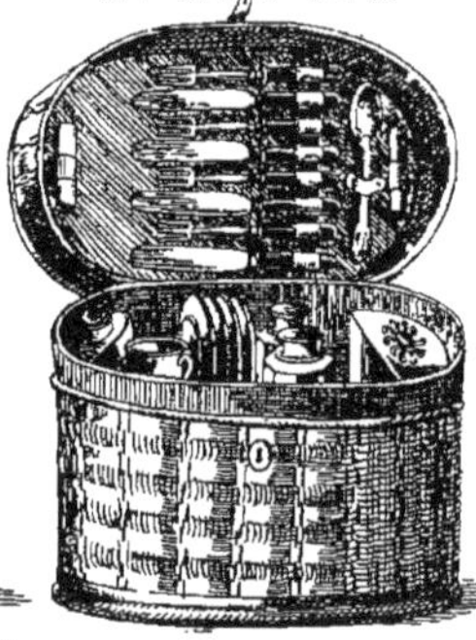

Nº 645.

Nº 646.

Nº 647 à 649.

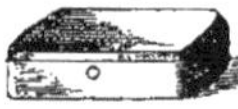

Nº 650.

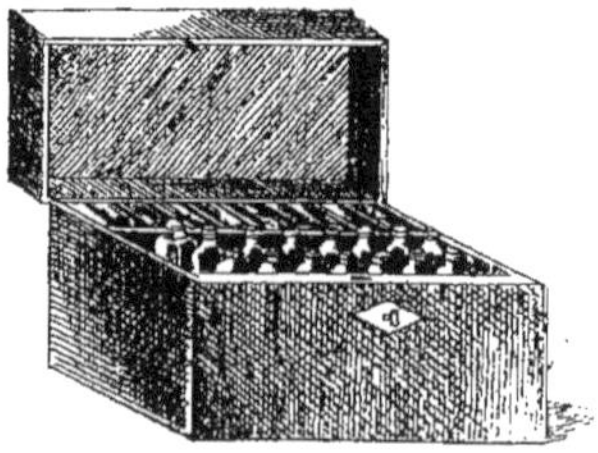

Les Nᵒˢ des dessins correspondent aux Nᵒˢ ci-contre indicatifs des Objets et des Prix.

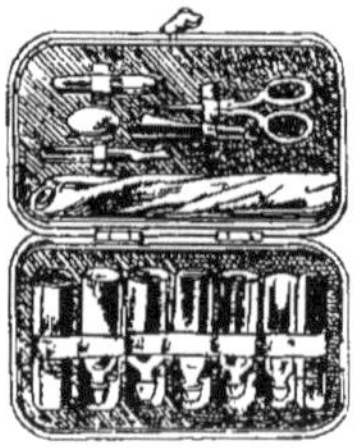

Désignation des Articles

N°	Désignation des Articles	F.	C.
590	Buffet osier, ordinaire simple — 1 personne	22	
591	d° — d° — d° — 2 d°	28	
592	d° — d° — d° — 3 d°	35	
593	d° — d° — d° — 4 d°	42	
594	d° — d° — d° — 5 d°	48	
595	d° — d° — d° — 6 d°	65	
596	d° — fin — 1 d°	23	
597	d° — d° — d° — 2 d°	36	
598	d° — d° — d° — 3 d°	44	
599	d° — d° — d° — 4 d°	53	
600	d° — ordinaire, double fond — 2 d°	38	
601	d° — d° — d° — 3 d°	47	
602	d° — d° — d° — 4 d°	56	
603	d° — d° — d° — 5 d°	65	
604	d° — d° — d° — 6 d°	95	
605	d° — fin — 1 d°	43	
606	d° — d° — d° — 2 d°	50	
607	d° — d° — d° — 3 d°	60	
608	d° — d° — d° — 4 d°	70	
609	d° — d° — d° — 6 d°	110	
610	d° — maroquin forme ovale — 1 d°	29	
611	d° — d° — 2 d°	50	
612	d° — d° — 3 d°	68	
613	d° — d° — 4 d°	90	
614	d° — natte de chine — pour enfant	20	
615	d° — d° — 1 personne	26	
616	d° — d° — petit modèle 2 d°	18	
617	d° — d° — grand modèle 2 d°	31	
618	d° — d° — petit modèle 3 d°	35	
619	d° — d° — grand modèle 3 d°	38	
620	d° — d° — 4 d°	47	
621	d° — d° — 5 d°	55	
622	d° — d° — 6 d°	86	
623	d° — d° — à réchaud 4 d°	56	
624	d° — d° — petit modèle 6 d°	85	
625	d° — d° — grand modèle 6 d°	150	
626	Nécessaire de bouche, une timbale 7 pièces, buffle	20	
627	d° — d° — d° — ivoire	26	
628	d° — d° — d° — tout métal	35	
629	d° — d° — d° — tout argent	90	
630	d° — modèle plat	12	
631	d° — d° arrondi	14	
632	d° — d° — d° 4 pièces et timbale	16	
633	d° — Trousse gastronomique, emplacement pour serviette	30	
634	d° — Boîte à sandwiches, métal Anglais	5	
635	d° — Boîte métal pour viande froide, fermeture à crochet	3	
636	d° — d° — d° — d° à pression	4	
637	d° — Couteau nécessaire (Couteau, cuillère, fourchette	11	
638	Pharmacie de poche, forme porte-monnaie, cadre acier N° 1	9	
639	d° — d° — d° — d° — d° 2	14	
640	d° — d° — d° — cadre doré d° 1	11	
641	d° — d° — d° — d° — d° 2	17	
642	d° — d° — trousse	14	
643	d° — d° — portefeuille — N° 1	17	
644	d° — d° — d° — d° 2	28	
645	d° — d° — tabatière	20	
646	d° — d° — étui	8	
647	d° — d° — porte-cigares N° 1	12	
648	d° — d° — d° — N° 2	18	
649	d° — d° — d° — N° 3	28	
650	d° — d° — coffre ou médecin de campagne	75	

Les demandes d'envoi doivent indiquer exactement le N° de chaque article.

DOCK DU CAMPEMENT

14, Boulevart Poissonnière, à PARIS

VOYAGE

PORTEFEUILLES, PAPETERIES.

N.º 651 à 658.

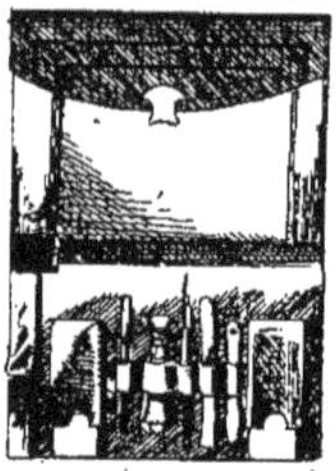

N.º 659 à 666.

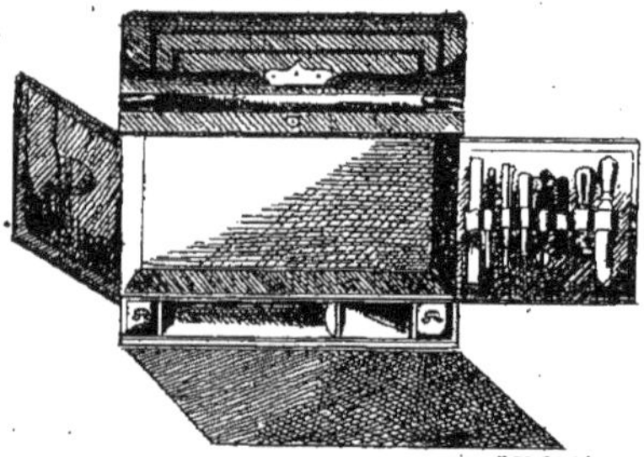

N.º 667 à 669.

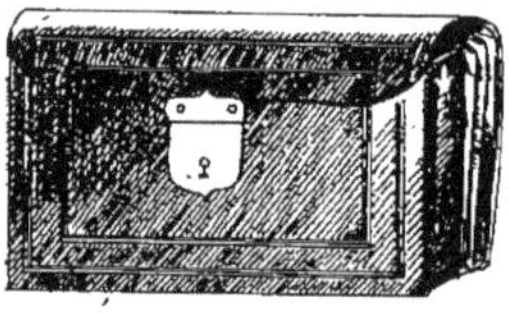

N.º 670 & 671.

N.º 672 à 675.

N.º 676 à 679.

N.º 680 à 687.

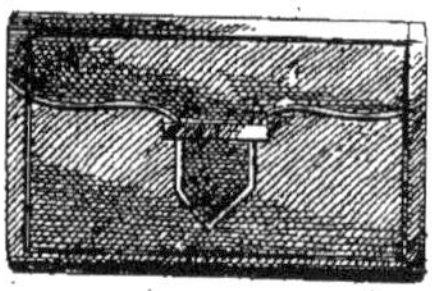

N.º 688 à 690.

N.º 691.

N.º 692 & 695.

N.º 693 à 697.

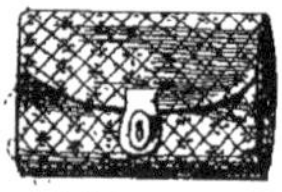

N.º 698 à 705.

N.º 706 à 708.

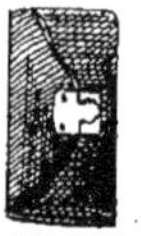

N.º 706, ouverte.

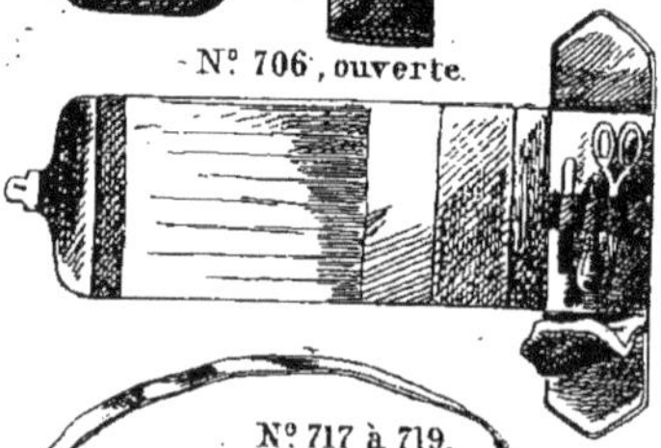

N.º 709 & 710.

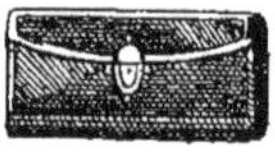

N.º 711 & 712.

N.º 713 & 714.

N.º 709, ouverte.

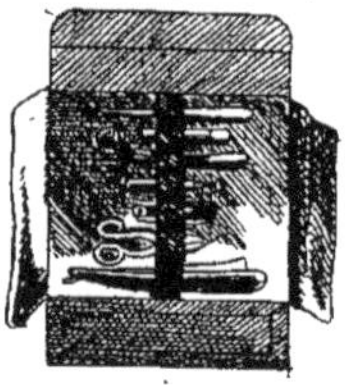

N.º 715.

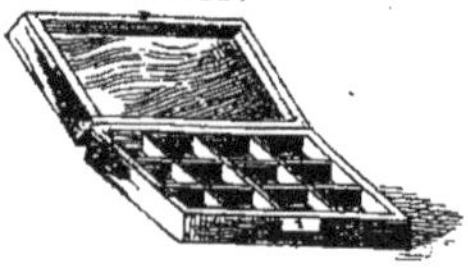

N.º 716.

N.º 717 à 719.

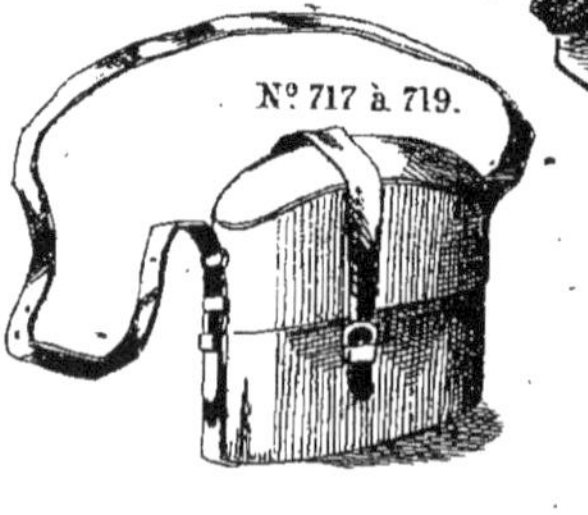

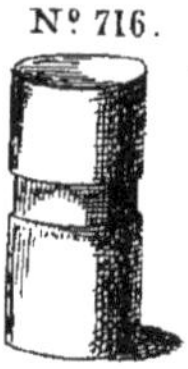

Les N.ºs des dessins correspondent aux N.ºs ci-contre indicatifs des Objets et des Prix. 

N°	Désignation des Articles	Prix Fixe F.	C.
651	Papeterie chagrin, doublée peau, garniture ordinaire N° 1	14	
652	d° d° d° d° N° 2	18	
653	d° d° d° d° N° 3	22	
654	d° d° d° d° N° 4	26	
655	d° maroquin d° garniture fine, ivoire et argent N° 1	26	
656	d° d° d° d° N° 2	31	
657	d° d° d° d° d° N° 3	36	
658	d° d° d° d° d° N° 4	41	
659	d° chagrin, format pupitre, garniture ordinaire N° 1	40	
660	d° d° d° N° 2	42	
661	d° d° d° N° 3	45	
662	d° d° d° N° 4	47	
663	d° maroquin d° N° 1	45	
664	d° d° d° N° 2	47	
665	d° d° d° N° 3	50	
666	d° d° d° N° 4	52	
667	d° à souffler, maroquin, format pupitre, garniture fine N° 2	60	
668	d° d° d° N° 3	62	
669	d° d° d° N° 4	65	
670	Buvard chagrin, doublé papier, fermeture à serrure	12	
671	d° doublé soie d°	16	
672	Portefeuille chagrin à souffler, fermeture à serrure, grandeur 14 p^ces	26	
673	d° d° d° d° 16 "	30	
674	d° maroquin d° d° 14 "	31	
675	d° d° d° 16 "	35	
676	Serviette d'avocat, chagrin 2 poches N° 2	13	
677	d° d° N° 3	14	
678	d° d° à serrure N° 2	15	
679	d° d° d° N° 3	17	
680	Portefeuille de poche, chagrin, fermé à pattes ou caoutchouc 4 p^ces	3	25
681	d° d° d° 5 "	3	75
682	d° d° d° 6 "	4	50
683	d° d° d° 7 "	5	25
684	d° maroquin d° 4 "	5	25
685	d° d° d° 5 "	6	50
686	d° d° d° 6 "	7	75
687	d° d° d° 7 "	9	
688	Encrier garni peau, fermant à pression, petit modèle	1	50
689	d° d° d° d° moyen d°	2	50
690	d° d° d° d° grand d°	4	
691	d° bois d° à vis pression, modèle rond	1	25
692	Porte monnaie, maroquin, fermé par un caoutchouc, grandeur 10^e	3	50
693	d° d° à tirette	4	
694	d° d° à portefeuille	7	
695	d° cuir de Russie, fermé par un caoutchouc	5	50
696	d° d° à tirette	6	
697	d° d° à portefeuille	9	
698	Bourse en chamois, fermeture fer poli, grandeur N° 1	1	75
699	d° d° d° N° 2	2	
700	d° d° d° N° 3	2	25
701	d° d° d° N° 4	2	25
702	d° en daim ou veau laqué, fermeture acier N° 1	4	
703	d° d° d° N° 2	4	25
704	d° d° d° N° 3	4	50
705	d° d° d° N° 4	5	50
706	Ménagère maroquin ou veau, garniture pour dame, modèle N° 1	7	
707	d° d° d° d° N° 2	10	
708	d° d° d° d° N° 3	14	
709	d° chagrin, garniture pour homme	10	
710	d° d° d°	13	
711	Étui à or, cuivre garni maroquin pour 500 fr	1	75
712	d° d° d° 1000	2	25
713	Boîte à or garnie en maroquin, doublée velours fermeture à serrure pour 5000 fr	16	
714	d° d° d° d° 10000	19	
715	Étui à cigares, modèle de poche, cuir bruni plat	4	50
716	d° d° d° bombé plus grand	5	
717	d° pour voyage, pouvant se porter en bandoulière pour 25 cigares	9	
718	d° d° pour 50 d°	13	
719	d° d° pour 75 d°	13	

Les demandes d'envoi doivent indiquer exactement le N° de chaque article.

VOYAGE

BOUTEILLES GARNIES CUIR, BOUTEILLES MÉTAL.

N.º 720 à 737. N.º 738 à 743. N.º 744 à 758. N.º 759 à 761. N.º 762 à 764. N.º 765 à 767.

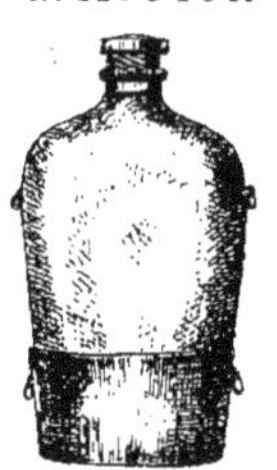     

N.º 768 & 769. N.º 770. N.º 771. N.º 772 à 775. N.º 776 à 779. N.º 781. N.º 780.

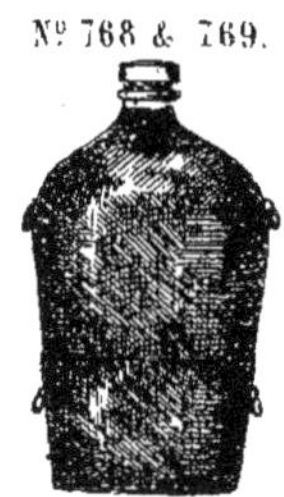     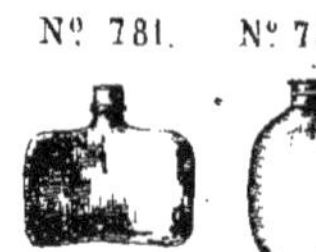 

N.º 783. N.º 782.

N.º 784. N.º 784 fermé. N.º 785. N.º 786 & 787. N.º 788 & 789. N.º 790.

Les N.ºˢ des dessins correspondent aux N.ºˢ ci-contre indicatifs des Objets et des Prix. 

Désignation des Articles.

N.os	Désignation des Articles.	F.	C.
720	Bouteille verre, garnie peau de porc, tasse métal dessous — contenance 1 verre	3	50
721	do. do. do. do. do. 2	4	.
722	do. do. do. do. do. 3	5	.
723	do. do. do. do. do. 4	6	"
724	do. do. do. do. do. 5	7	.
725	do. do. do. do. do. 6	7	50
726	do. do. cuir bruni do. do. 1	3	.
727	do. do. do. do. do. 2	4	.
728	do. do. do. do. do. 3	5	.
729	do. do. do. do. do. 4	6	.
730	do. do. do. do. do. 5	7	.
731	do. do. do. do. do. 6	7	50
732	do. do. peau chagrin toutes nuances 1	2	50
733	do. do. do. 2	3	75
734	do. do. do. 3	4	50
735	do. do. do. 4	5	25
736	do. do. do. 5	6	.
737	do. do. do. 6	6	75
738	do. do. peau de porc dans le bain, fond uni à baguette, tasse dessous 1	3	50
739	do. do. do. do. 2	4	50
740	do. do. do. do. 3	5	50
741	do. do. do. do. 4	6	50
742	do. do. do. do. 5	7	50
743	do. do. do. do. 6	8	.
744	do. do. maroquin bouchon formant verre 1	4	.
745	do. do. do. 2	5	.
746	do. do. do. 3	5	50
747	do. do. do. 4	6	.
748	do. do. do. 5	6	50
749	do. do. peau de porc 1	4	50
750	do. do. do. 2	5	50
751	do. do. do. 3	6	.
752	do. do. do. 4	6	50
753	do. do. do. 5	7	.
754	do. do. veau bruni 1	4	60
755	do. do. do. 2	5	50
756	do. do. do. 3	6	.
757	do. do. do. 4	6	50
758	do. do. do. 5	7	.
759	do. gourde caoutchouc, bouchon corne 1/3 litre	2	50
760	do. do. do. 1/2	2	75
761	do. do. do. 1	3	.
762	do. do. peau de bouc 1	6	50
763	do. do. do. 1 1/2	7	50
764	do. do. do. 2	8	.
765	do. verre, couverte cuir bouilli, bouchée à vis pression 2 verres	1	25
766	do. do. do. 3	2	25
767	do. do. do. 4	2	75
768	do. do. do. tasse gobar 3	2	50
769	do. do. do. do. 4	3	.
770	do. métal forme bidon, couverte cuir bouilli, bouchon à vis pression 3	5	50
771	do. do. do. 5	6	50
772	do. métal anglais, tasse au bas 2	4	25
773	do. do. do. 3	5	25
774	do. do. do. 4	6	50
775	do. do. do. 5	7	50
776	do. do. forme étui, faisant tasse do. 2	5	.
777	do. do. do. do. 3	6	.
778	do. do. do. do. 4	7	25
779	do. do. do. do. 5	8	50
780	do. do. flacon de poche, modèle ovale	2	25
781	do. do. do. cintré	2	25
782	do. do. do. ovale, couvert peau de porc	4	25
783	do. do. do. cintré	4	25
784	do. do. flacon verre bouché à l'émeri, renfermé dans un étui bruni,	6	.
785	do. do. do. do. do.	5	.
786	do. do. do. do. do.	4	50
787	do. do. do. do. do.	4	.
788	do. do. do. do. do.	3	50
789	do. do. do. do. do.	3	.
790	do. do. do. do. do.	2	50

Les demandes d'envoi doivent indiquer exactement le N°. de chaque article.

Gravé chez J. A. Landa

VOYAGE

BOUTEILLES & FLACONS, GARNITURE OSIER.

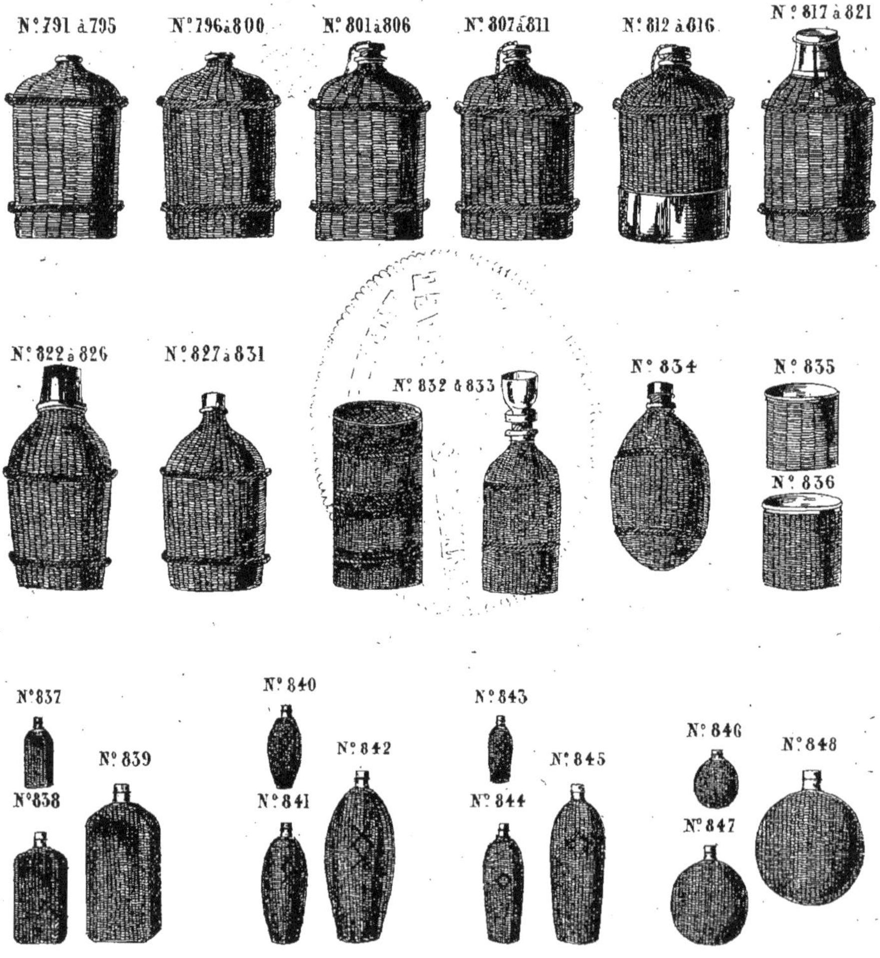

Les N°ˢ des dessins correspondent aux N°ˢ ci-contre indicatifs des Objets et des Prix.

Lith. Barthe, rue de Provence, 18.   Gravé chez J. A. Landé

Désignation des Articles

Nos	Désignation des Articles	F.	C.
791	Bouteille verre, clissée osier mi-fin, bouchon ordinaire contenance 1 verre	.	60
792	d° d° d° d° 2	.	75
793	d° d° d° d° 3	1	.
794	d° d° d° d° 4	1	50
795	d° d° d° d° 5	2	.
796	d° d° fin d° 1	1	.
797	d° d° d° d° 2	1	25
798	d° d° d° d° 3	1	50
799	d° d° d° d° 4	2	.
800	d° d° d° d° 5	2	50
801	d° d° mi-fin, bouchon à vis pression 1	1	.
802	d° d° d° d° 2	1	25
803	d° d° d° d° 3	1	50
804	d° d° d° d° 4	2	.
805	d° d° d° d° 5	2	50
806	d° d° d° d° 6	3	.
807	d° d° fin d° 1	1	25
808	d° d° d° d° 2	1	50
809	d° d° d° d° 3	2	.
810	d° d° d° d° 4	2	50
811	d° d° d° d° 5	3	25
812	d° d° fin tasse dessous d° 1	2	50
813	d° d° d° d° 2	3	.
814	d° d° d° d° 3	3	50
815	d° d° d° d° 4	4	.
816	d° d° d° d° 5	5	.
817	d° d° mi-fin, bouchon ordinaire, timbale dessus 1	2	.
818	d° d° d° d° 2	2	50
819	d° d° d° d° 3	3	.
820	d° d° d° d° 4	3	50
821	d° d° d° d° 5	4	.
822	d° d° fin bouchon à vis pression, timbale dessus 1	2	25
823	d° d° d° d° 2	3	.
824	d° d° d° d° 3	3	50
825	d° d° d° d° 4	4	.
826	d° d° d° d° 5	5	.
827	d° d° fin, bouchon os, fermeture à l'émeri, pour toilette 1	2	.
828	d° d° d° d° 2	2	25
829	d° d° d° d° 3	2	75
830	d° d° d° d° 4	3	25
831	d° d° d° d° 5	4	25
832	d° bouchon formant verre, clissage extra, modèle étui fermé 4	5	50
833	d° d° d° d° 5	7	.
834	d° d° extra-fin, flacon, pêche de côté, forme ovale 1 ½	2	35
835	Verre clissé, osier fin, modèle ordinaire	.	75
836	d° d° d° fin	1	25
837	Flacon à odeur, clissé osier extra fin, bouché ivoire, forme carrée, petit modèle	1	75
838	d° d° d° d° moyen d°	2	.
839	d° d° d° d° grand d°	2	50
840	d° d° d° forme amande petit d°	1	75
841	d° d° d° d° moyen d°	2	.
842	d° d° d° d° grand d°	2	50
843	d° d° d° forme longue petit d°	1	75
844	d° d° d° d° moyen d°	2	.
845	d° d° d° d° grand d°	2	50
846	d° d° d° forme montre petit d°	1	75
847	d° d° d° d° moyen d°	2	.
848	d° d° d° d° grand d°	2	50

Les demandes d'envoi doivent indiquer exactement le N.º de chaque article.

VOYAGE

ARTICLES CUIR BOUILLI, CAOUTCHOUC.

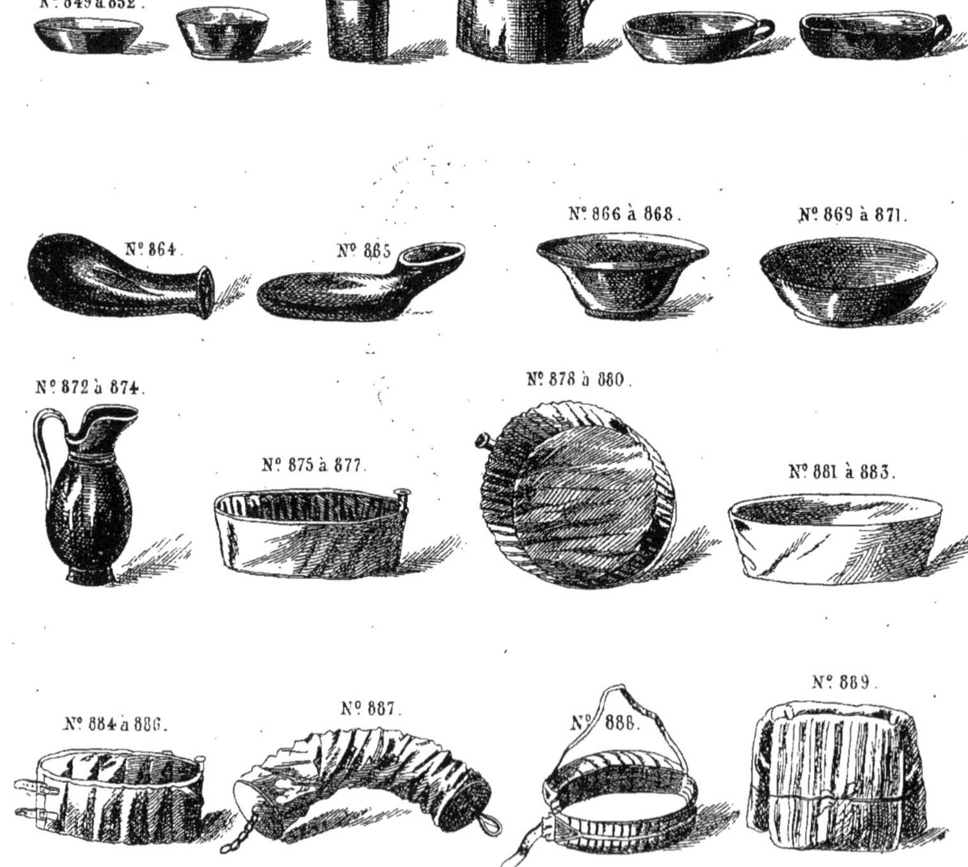

Les Nos des dessins correspondent aux Nos ci-contre indicatifs des Objets et des Prix.

N°s	Désignation des Articles	Prix-Fixe F.	C.
849	Tasse ployante, mouton verni, grand modèle	.	40
850	— d° — d° — petit d°	.	50
851	— d° — veau verni grand d°	.	75
852	— d° — d° — petit d°	.	60
853	Tasse cuir bouilli dite coco — petit d°	.	75
854	— d° — d° — moyen d°	1	.
855	— d° — d° — grand d°	1	25
856	Timbale cuir bouilli, petit modèle	1	.
857	— d° — d° — grand d°	1	25
858	Vase de nuit, cuir bouilli, forme plate, petit modèle	4	50
859	— d° — d° — grand — d°	6	.
860	— d° — pot fort, cuir bouilli, forme ovale, petit modèle	4	25
861	— d° — d° — d° — grand — d°	5	.
862	— d° — pot ployant — d° — petit d°	4	25
863	— d° — d° — d° — grand — d°	5	.
864	Urinoir cuir bouilli, modèle droit en jambon pour homme	3	75
865	— d° — modèle pour dame	4	25
866	Cuvette ronde — d° — petit modèle	5	50
867	— d° — d° — moyen d°	6	.
868	— d° — d° — grand — d°	7	.
869	Cuvette ovale — d° — petit — d°	5	50
870	— d° — d° — moyen — d°	6	.
871	— d° — d° — grand — d°	7	.
872	Pot à eau — d° — petit — d°	5	.
873	— d° — d° — moyen — d°	5	50
874	— d° — d° — grand — d°	7	.
875	Cuvette à air, caoutchouc, petit modèle ovale	14	.
876	— d° — d° — moyen — d°	16	.
877	— d° — d° — grand — d°	21	.
878	Baquet à air caoutchouc 0m 60c de diamètre	48	.
879	— d° — .—70— d°	58	.
880	— d° — .—80— d°	68	.
881	Baignoire d'Enfant, toile double caoutchoutée 0m 40 sur 60c	30	.
882	— d° — d° — 0.45 — 70	35	.
883	— d° — d° — 0.50 — 80	40	.
884	Ceinture de natation à air; tissu caoutchouc, modèle d'Enfant	13	.
885	— d° — d° — d° — de dame	14	.
886	— d° — d° — d° — d'homme	15	.
887	Ceinture de sauvetage, tissu caoutchouc, ressort intérieur, système Lebrun	15	.
888	— d° — d° — rempli de bourre de coton	28	.
889	Gilet de sauvetage — d° — rempli de poudre de liège	30	.

Les demandes d'envoi doivent indiquer exactement le N°. de chaque article.

VOYAGE

ARTICLES BROSSERIES.

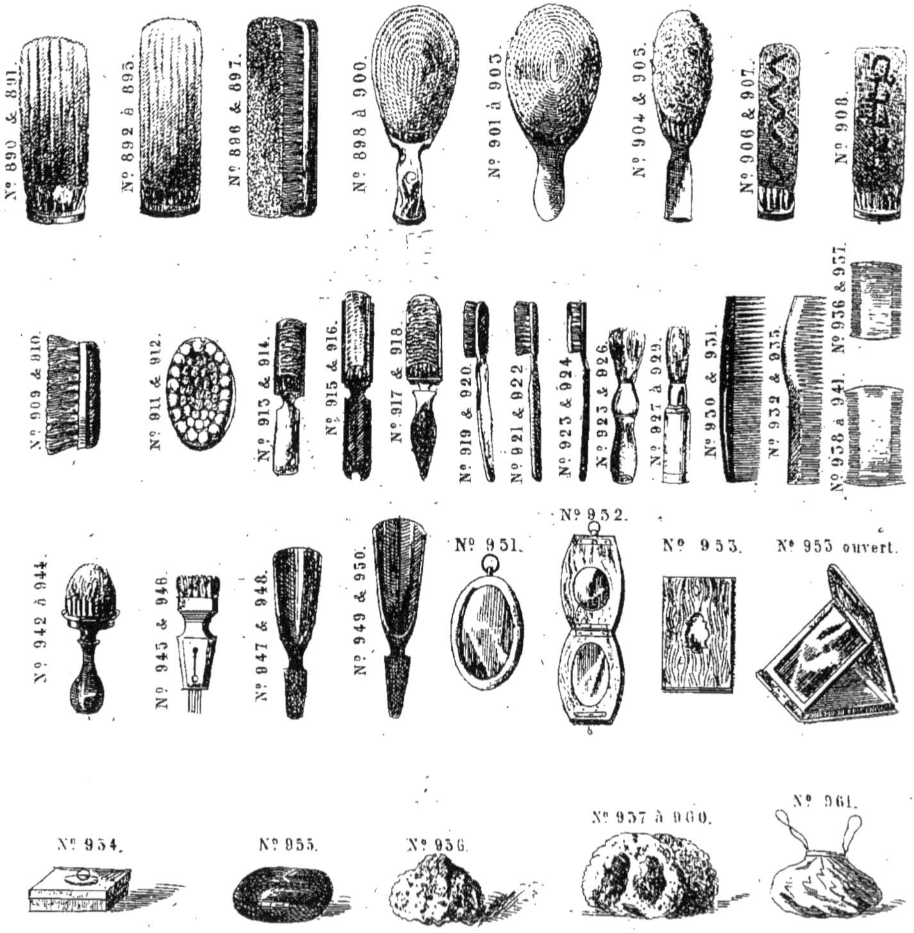

Les N°s des dessins correspondent aux N°s ci-contre indicatifs des Objets et des Prix.

Nᵒˢ	Désignation des Articles	Prix-Fixe	
		F	**C**
890	Brosse à habit, ordinaire 7 pouces		75
891	d° soie pure d°	2	25
892	d° soie haute d°	3	
893	d° ordinaire < 8 d°	1	25
894	d° soie pure d°	3	
895	d° soie haute d°	2	45
896	d° chiendent ordinaire	1	25
897	d° d° fine	1	50
898	Brosse à tête, ordinaire 9 rangs	1	25
899	d° ½ fine 11 d°	1	50
900	d° soie basse 13 d°	2	25
901	d° soie haute 13 d°	3	75
902	d° soie basse 15 d°	3	75
903	d° d° 17 d°	4	
904	d° chiendent ordinaire		
905	d° d° fine	1	25
906	Brosse à chapeaux, ordinaire 6 pouces	1	
907	d° d° 7 d°	1	50
908	d° fine à gorge d° d°	2	
909	Brosse velours, ordinaire	2	25
910	d° qualité supérieure	3	
911	Brosse à frictions en flanelle, petit modèle	1	25
912	d° d° grand d°	2	
913	Brosse à ongles, plate fine 6 rangs		40
914	d° bombée d°		50
915	d° plate 7 d°		60
916	d° bombée d°		75
917	d° plate 8 d°		90
918	d° bombée d°	1	25
919	Brosse à dents, ½ fine 4 d°		50
920	d° fine d°		75
921	d° extra d°	1	
922	d° ½ fine 5 d°		50
923	d° fine d°		75
924	d° extra d°	1	
925	Blaireau (brosse à barbe) ordinaire, façon blaireau		25
926	d° d° vrai d°		75
927	d° forme étui bois	1	75
928	d° d° os fin	3	
929	d° d° extra fin	4	
930	Peigne démêloir, buffle droit, 6 pouces		75
931	d° d° 7 d°	1	
932	d° corne blanche d'Irlande	1	25
933	d° de poche, buffle		50
934	d° d° corne blanche		35
935	d° étui pour peigne de poche		25
936	Peigne fin à décrasser, buis de Paris, fin		25
937	d° d° superfin		35
938	d° corne transparente		75
939	d° buffle noir		75
940	d° ivoire 1er choix, 45 mill. 60 dents au pouce	2	25
941	d° superfin d° 70 d°	2	50
942	Brosse à peigner, 1re qualité, champignon rond	1	
943	d° d° d°	1	25
944	d° d° d°	1	50
945	Décrasse peignes à coulisse, qualité ordinaire		40
946	d° d° supérieure		60
947	Chausse pieds, 1er choix, buffle façonné		75
948	d° d° façon écaille	1	
949	d° d° os, 6 pouces		75
950	d° d° os, 8 d°	1	
951	Miroir glace de voyage, une glace sans fourniture	3	
952	d° 2 d° forme ovale, fourniture à charnière	5	
953	d° 2 d° carrés grand modèle	8	
954	Boîte à savon, à couvercle, modèle ordinaire	2	
955	d° métal anglais, modèle à charnière	3	
956	Éponge de toilette ordinaire, petite		75
957	d° ½ fine	1	50
958	d° fine	3	
959	d° d°	5	
960	d° d°	7	
961	Sac à éponge, toile imperméable, toutes grandeurs	1	

Les demandes d'envoi doivent indiquer exactement le Nᵒ de chaque article.

Lith. Barthe, rue de Provence, 18   Gravé chez J. A. Landé

Désignation des Articles. — Prix Fixe.

N°	Désignation des Articles.	F.	C.
962	Couverture de voyage à carreaux, 1re qualité, 1re taille	16	·
963	d°. d°. 2e. d°. 2e. d°.	13	·
964	d°. d°. 3e. d°. 3e. d°.	10	·
965	d°. double face unie	22	·
966	d°. d° ombrée	25	·
967	d°. drapée fantaisie	35	·
968	d°. mérinos, qualité extra	44	·
969	d°. anglaise imitation, fourrure 1re qualité de 60 à	70	·
970	d°. d°. 2e. d°. 55 à	60	·
971	d°. d°. 3e. d°. 50 à	55	·
972	d°. d°. 4e. d°. 45 à	50	·
973	d°. d°. 5e. d°. 40 à	45	·
974	d°. d°. 6e. d°. 35 à	40	·
975	d°. plaid français ou anglais à carreaux écossais rayés, etc.	30	·
976	d°. d°. d°. d°.	40	·
977	d°. d°. d°. d°.	50	·
978	d°. d°. d°. d°.	60	·
979	Sac fourré à pieds, fourrure mouton, couvert en vénitienne coton	12	·
980	d°. d°. d°. d°. laine	18	·
981	d°. d°. d°. d°. moquette	25	·
982	d°. à 1/2 bavette d°. d°. vénitienne coton	20	·
983	d°. d°. d°. d°. laine	25	·
984	d°. d°. d°. d°. moquette	34	·
985	d°. à bavette d°. d°. vénitienne coton	22	·
986	d°. d°. d°. d°. laine	32	·
987	d°. d°. d°. d°. moquette	42	·
988	Bottes fourrées botillons ou bottes rondes, mouton, bordées agneau	10	·
989	d°. d°. chèvre vernie d°.	20	·
990	d°. modèle au mollet mouton d°.	13	·
991	d°. d°. chèvre vernie d°.	25	·
992	d°. modèle au genou mouton d°.	15	·
993	d°. d°. chèvre vernie d°.	30	·
994	d°. modèle écuyère mouton d°.	19	·
995	d°. d°. chèvre vernie d°.	40	·
996	Brodequins fourrés pour homme, modèle fendu, mouton d°.	10	·
997	d°. d°. d°. chèvre vernie	22	·
998	Bottines fourrées pour dame d°. mouton	7	·
999	d°. d°. d°. maroquin	10	·
1000	d°. d°. d°. chèvre vernie	15	·
1001	Gants fourrés chamois, cousus, doublés molleton	3	·
1002	d°. d°. d°. agneau	3	50
1003	d°. d°. piqués doublés d°.	4	50
1004	d°. chat cousu	5	·
1005	d°. d°. piqués	6	50
1006	d°. renard cousu	7	·
1007	d°. d°. piqué	9	50
1008	d°. genette d°.	9	50
1009	d°. loup d°.	9	50
1010	d°. poulain d°.	9	50
1011	Manchon fourré, cartouchière de chasse Astrakan	27	·
1012	d°. d°. Renard tête naturalisée	27	·
1013	d°. d°. Marmotte d°.	27	·

Les demandes d'envoi doivent indiquer exactement le N° de chaque article.

VOYAGE

COIFFURES, VÉTEMENTS.

Nº 1014.

Nº 1015.

Nº 1016.

Nº 1017.

Nº 1018 à 1020.

Nº 1021.

Nº 1022 à 1024.

Nº 1025.

Nº 1026.

Nº 1027 à 1046.

Nº 1047.

Nº 1048 à 1051.

Nº 1052 & 1053.

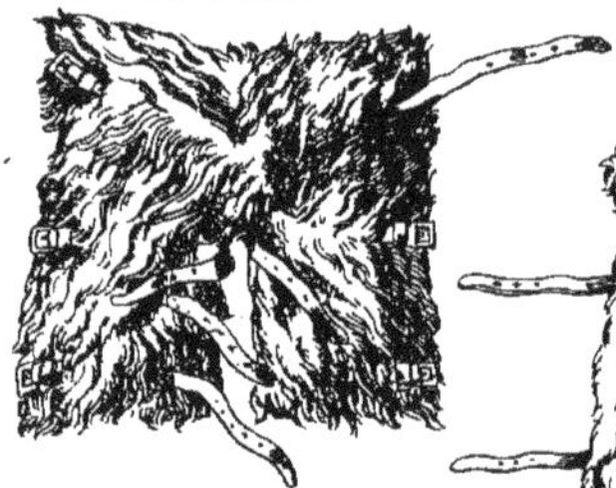

Nº 1054 & 1055

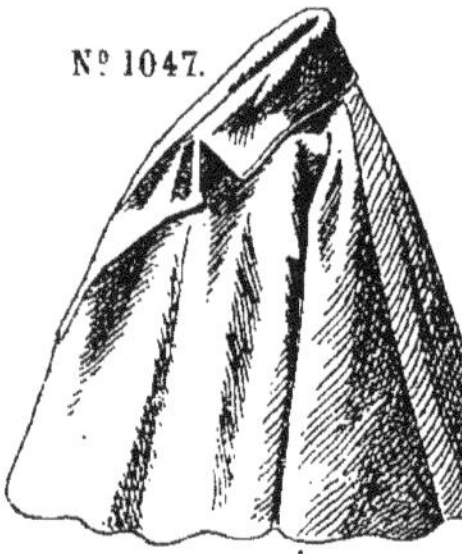

Les Nᵒˢ des dessins correspondent aux Nᵒˢ ci-contre indicatifs des Objets et des Prix. 

N.os	Désignation des Articles.	Prix Fixe.	
		F.	C.
1014	Chapeau toile blanche pour la campagne ou pour la chasse	5	50
1015	d°. toile cuir vernie	4	,
1016	Casquette drap, variées de forme pour voyage	6	50
1017	d°. passe montagne ou bonnet fourrure	8	50
1018	Blouse de chasse ordinaire, toile grise ou bleue	10	,
1019	d°. forme paletot d°.	18	,
1020	d°. d°. d°. poche carnier	21	,
1021	Pelisse fourrée pour voyage, prix suivant la fourrure variant de 150 à	600	,
1022	Paletot peau de chèvre, collet renard, 1.er choix	90	,
1023	d°. d°. 2.me d°.	80	,
1024	d°. ordinaire dit marinière 3.me d°.	50	,
1025	Tablier peau de chèvre, modèle à ceinture	20	,
1026	d°. à bavette, modèle avec poches	27	,
1027	Vêtement Caoutchouc, paletot percale	15	,
1028	d°. d°. croisé écossais	20	,
1029	d°. d°. orléans, double face	28	,
1030	d°. d°. d°. d°. caoutchouc au milieu	40	,
1031	d°. d°. soie, pouvant se mettre dans la poche	45	,
1032	d°. pelisse percale	18	,
1033	d°. d°. croisé écossais	21	,
1034	d°. d°. orléans, double face	31	,
1035	d°. d°. d°. d°. caoutchouc au milieu	48	,
1036	d°. d°. soie	50	,
1037	d°. Caban percale	20	,
1038	d°. d°. croisé écossais	25	,
1039	d°. d°. orléans, double face	35	,
1040	d°. d°. d°. d°. caoutchouc au milieu	50	,
1041	d°. d°. gris croisé, modèle extra fort avec capuchon	50	,
1042	d°. Capuchon percale	3	25
1043	d°. d°. croisé écossais	3	75
1044	d°. d°. orléans, double face	5	,
1045	d°. d°. orléans double	6	50
1046	d°. d°. soie	7	50
1047	d°. Collet gris ou noir, modèle pour la chasse, 14, 16 et	18	,
1048	d°. jambières, percale	5	50
1049	d°. d°. croisé écossais	6	50
1050	d°. d°. orléans double face	10	,
1051	d°. d°. orléans double	13	,
1052	Houseaux, mouton verni, modèle à l'Anglaise	14	,
1053	d°. vache d°. d°.	20	,
1054	d°. mouton d°. à l'écuyère	16	,
1055	d°. vache d°. d°.	22	,

Les demandes d'envoi doivent indiquer exactement le N.° de chaque article.

DOCK DU CAMPEMENT

14, Boulevart Poissonnière, à PARIS

VOYAGE

FOURRURES, CHANCELIÈRES, BOULES DE VOITURES.

Nº 1056 à 1065.

Nº 1066.

Nº 1067.

Nº 1068 à 1071

Nº 1072 à 1077.

Nº 1078 à 1083.

Nº 1084 à 1085.

Nº 1086 à 1089.

Nº 1090 à 1094.

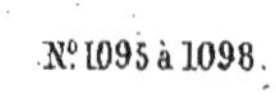

Nº 1095 à 1098.

Nº 1099 à 1116.

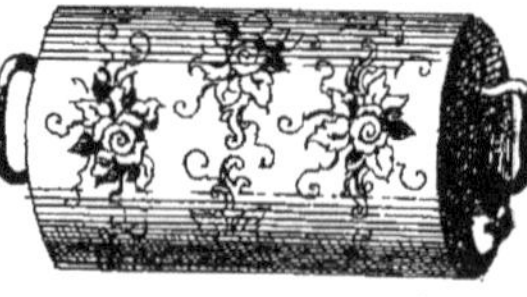

Les Nºˢ des dessins correspondent aux Nºˢ ci-contre indicatifs des Objets et des Prix.

N°.	Désignation des Articles.	F.	C.
1056	Couverture fourrure pour voiture, fourrure renard ordinaire, doublée molleton	115	
1057	d°. d°. d°. Virginie d°.	180	
1058	d°. d°. loup ordinaire d°.	150	
1059	d°. d°. d°. de Hongrie d°.	250	
1060	d°. d°. d°. du Canada d°.	325	
1061	d°. d°. ours	500	
1062	d°. d°. marmotte	300	
1063	d°. d°. glouton	300	
1064	d°. d°. linx	250	
1065	d°. d°. chèvre du Thibet	80	
1066	Tapis, peau mouton, pour voiture de 10 à 24 fr. suivant grandeur et qualité		
1067	d°. pour appartement, doublé toile, bordé drap de 18 à 30 fr. suivant grandeur et qualité		
1068	Collet et Manchettes pour cocher, fourrure renard	55	
1069	d°. d°. marmotte	85	
1070	d°. d°. ours	90	
1071	d°. d°. glouton	100	
1072	Chancelière ordinaire, petit modèle pour dame, peau verte ou puce	6	50
1073	d°. d°. d°. maroquin rouge	8	
1074	d°. d°. d°. chèvre vernie noire	15	
1075	d°. grand modèle pour homme peau verte ou puce	8	
1076	d°. d°. d°. maroquin rouge	9	50
1077	d°. d°. d°. chèvre vernie noire	17	
1078	d°. à tablier, petit modèle pour dame, peau verte ou puce	9	50
1079	d°. d°. d°. maroquin rouge	11	
1080	d°. d°. d°. chèvre vernie noire	19	
1081	d°. d°. grand modèle pour homme, peau verte ou puce	11	
1082	d°. d°. d°. maroquin rouge	12	50
1083	d°. d°. d°. chèvre vernie noire	21	
1084	d°. fourrure, renard, tête naturalisée	28	
1085	d°. d°. marmotte d°.	28	
1086	Chancelière chauffe-pieds, ordinaire, boule fer-battu, petit modèle pour dame, peau verte ou puce	12	
1087	d°. d°. d°. d°. maroquin rouge	14	
1088	d°. d°. d°. grand modèle pour homme, peau verte ou puce	14	
1089	d°. d°. d°. d°. maroquin rouge	16	
1090	d°. à tablier d°. petit modèle pour dame, peau verte ou puce	14	
1091	d°. d°. d°. d°. maroquin rouge	16	
1092	d°. d°. d°. grand modèle pour homme, peau verte ou puce	16	
1093	d°. d°. d°. d°. maroquin rouge	18	
1094	d°. d°. bois chêne, grand modèle, extra-fort, boule à manche bassinoire	33	
1095	Tabouret chauffe-pieds, bois ordinaire, boule zinc	6	
1096	d°. d°. boule fer-battu, dessus moquette	10	
1097	d°. bois chêne d°. d°.	13	50
1098	d°. d°. extra d°. formant bassinoire, dessus moquette	20	
1099	Boule pour voiture, fer-battu, couverte moquette 40c	15	
1100	d°. d°. d°. 45	16	50
1101	d°. d°. d°. 50	18	
1102	d°. d°. d°. 55	19	50
1103	d°. d°. d°. 60	21	
1104	d°. d°. d°. 65	22	50
1105	d°. d°. d°. 70	24	
1106	d°. d°. d°. 75	25	50
1107	d°. d°. d°. 80	27	
1108	d°. d°. couverte velours 40	16	
1109	d°. d°. d°. 45	17	50
1110	d°. d°. d°. 50	19	
1111	d°. d°. d°. 55	20	50
1112	d°. d°. d°. 60	22	
1113	d°. d°. d°. 65	23	50
1114	d°. d°. d°. 70	25	
1115	d°. d°. d°. 75	26	50
1116	d°. d°. d°. 80	28	

Les demandes d'envoi doivent indiquer exactement le N°. de chaque article.

CAMPEMENT

BÂTS, CANTINES, SACOCHES.

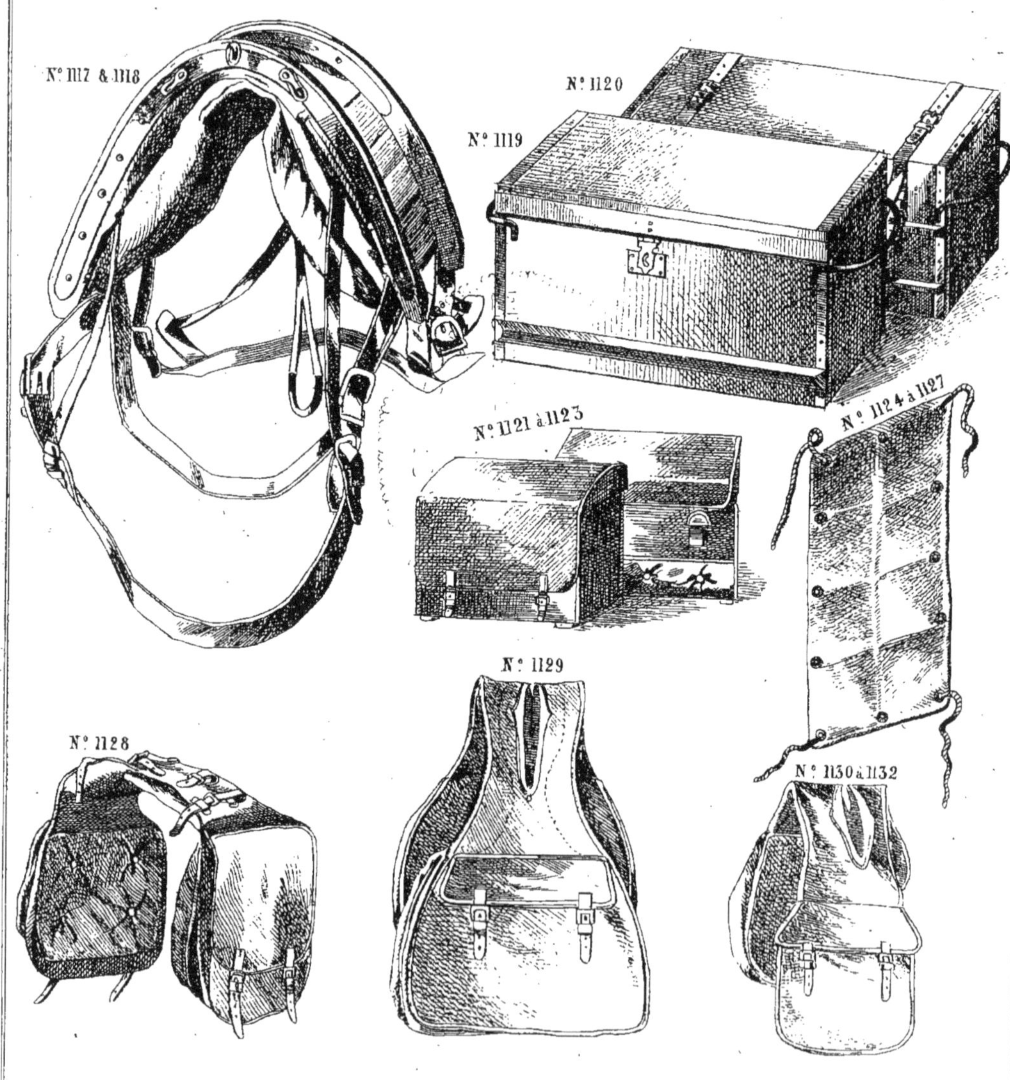

Les N.ºs des dessins correspondent aux N.ºs ci-contre indicatifs des Objets et des Prix.

N⁰	Désignation des Articles.	Prix Fixe.		Poids.
		F.	C.	
1117	Bât complet pour cheval ou mulet, 1ʳᵉ Qualité	100	"	14 Kilog
1118	d°. d°. d°. 2ᵐᵉ Qualité	80	"	12 d°.
1119	Cantines ordinaires, dessus toile, sans courroies avec ferrures	45	"	14 d°.
1120	— d°. fines, garnies toile, à courroies d°.	70	"	15 d°.
1121	— d°. pour chevaux de main, bois couvertes peau ou toile	55	"	10 d°.
1122	— d°. d°. cartonnées d°.	55	"	9 d°.
1123	— d°. d°. façon fine, tout cuir	120	"	12 d°.
1124	Prélart ou Bâche, toile à voile 1ᵐ,25 sur 1ᵐ,80	15	"	2 d°.
1125	— d°. d°. 1ᵐ,60 d°. 2ᵐ,	18	"	3 d°.
1126	— d°. caoutchouc 1ᵐ,25 d°. 1ᵐ,80	24	"	3 d°.
1127	— d°. d°. 1ᵐ,60 d°. 2ᵐ,	30	"	4 d°.
1128	Sacoches toile à voile, garnies cuir pour chevaux de main	45	"	5 d°.
1129	Bissacs, grand modèle, toile à voile, dessous cuir	25	"	4 d°.
1130	— d°. ordinaires d°. pour le derrière de la selle	8	"	2 d°.
1131	— d°. dessous cuir d°. d°. d°.	14	"	2 d°.
1132	— d°. vache vernie ou vache jaune d°. d°.	28	"	2½ d°.

Les demandes d'envoi doivent indiquer exactement le N⁰. de chaque article.

CAMPEMENT

ARTICLES LITERIES.

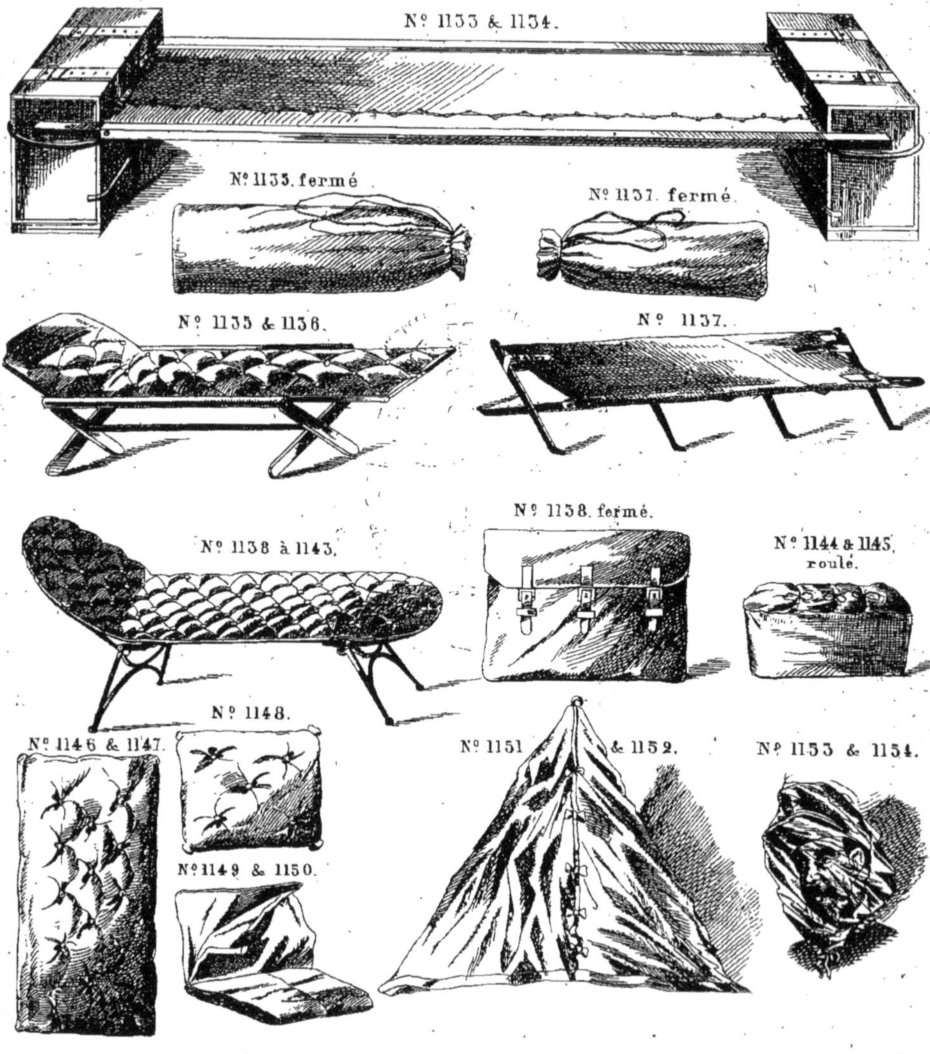

Nº 1133 & 1134.

Nº 1133. fermé

Nº 1137. fermé

Nº 1135 & 1136.

Nº 1137.

Nº 1138. fermé.

Nº 1138 à 1143.

Nº 1144 & 1145. roulé.

Nº 1148.

Nº 1146 & 1147.

Nº 1151 & 1152.

Nº 1153 & 1154.

Nº 1149 & 1150.

Les Nºˢ des dessins correspondent aux Nºˢ ci-contre indicatifs des Objets et des Prix. 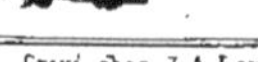

Nᵒˢ	Désignation des Articles.	Prix-Fixe. F.	C.	Poids.
1133	Lit cantine à œillets, dessus toile, bois simples	15	.	4 Kilog.
1134	dᵒ dᵒ brisés	25	.	5 dᵒ
1135	Lit brisé bois avec X, garni toile simple	25	.	6 dᵒ
1136	dᵒ dᵒ matelassé	35	.	8 dᵒ
1137	dᵒ fer dit tubulaire, garni toile simple	49	.	11 dᵒ
1138	dᵒ fer forgé, modèle poste, garni toile simple	60	.	12 dᵒ
1139	dᵒ dᵒ dᵒ matelassé	80	.	14 dᵒ
1140	dᵒ dᵒ matelassé, garni maroquin	130	.	15 dᵒ
1141	dᵒ dᵒ grand modèle, garni toile simple	80	,	15 dᵒ
1142	dᵒ dᵒ matelassé	110	.	17 dᵒ
1143	dᵒ dᵒ dᵒ garni maroquin	170	.	18 dᵒ
1144	Sac lit, peau mouton, modèle fermé	60	.	4 dᵒ
1145	dᵒ avec poche pour pieds seulement	48	.	3 dᵒ
1146	Matelas crin, couvert toile pour lit, cantine et autres	25	.	4 dᵒ
1147	Matelas à air, caoutchouc, grandeur ordinaire	90	.	3 dᵒ
1148	Oreiller, crin, couvert toile pour lit, cantine et autres	8	.	1 dᵒ
1149	Sac drap toile pour sac lit	9	.	½ dᵒ
1150	dᵒ coton dᵒ	9	.	½ dᵒ
1151	Moustiquaire pour lit, gaze coton	20	.	"
1152	dᵒ dᵒ gaze soie	28	.	"
1153	dᵒ dᵒ pour tête, gaze coton	2	.	"
1154	dᵒ dᵒ gaze soie	5	.	"

Les demandes d'envoi doivent indiquer exactement le Nᵒ de chaque article.

CAMPEMENT

ARTICLES DIVERS.

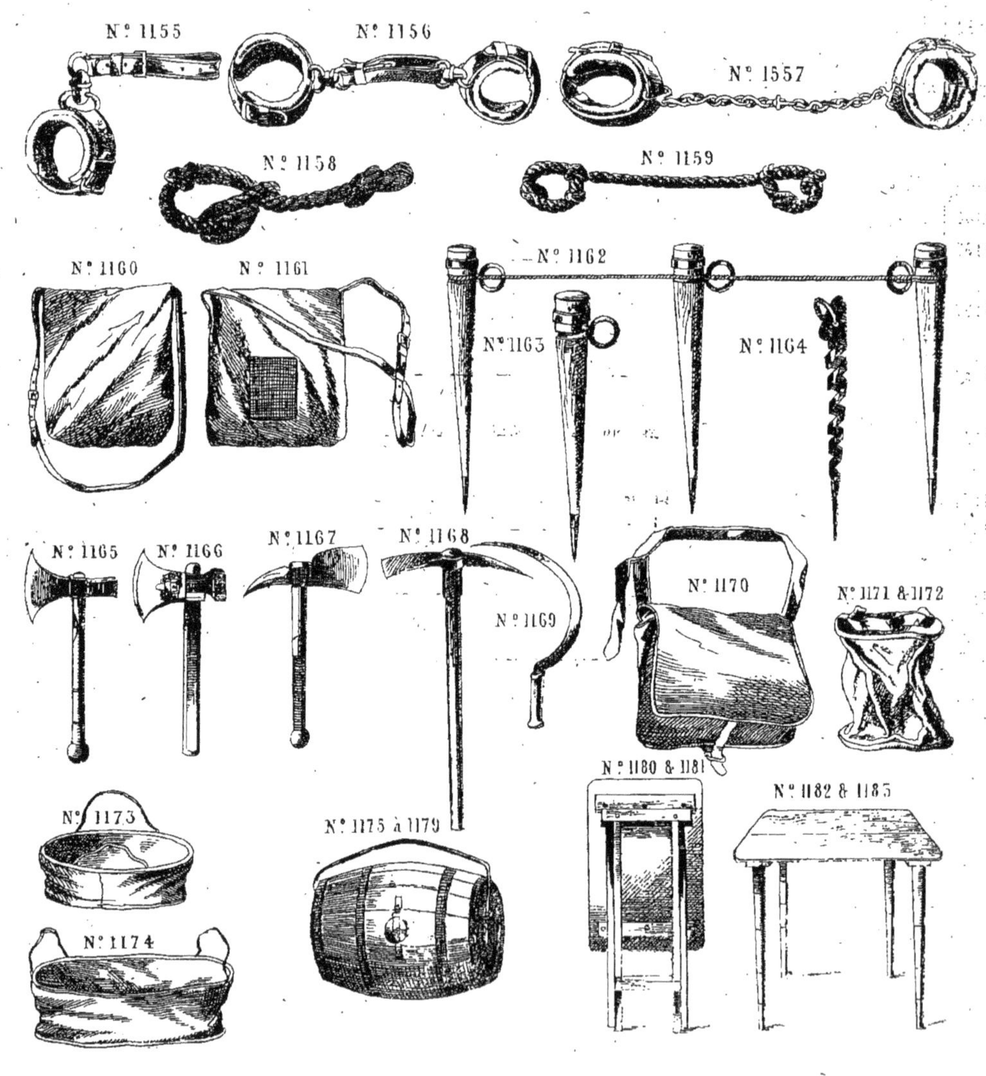

Les N.ᵒˢ des dessins correspondent aux N.ᵒˢ ci-contre indicatifs des Objets et des Prix.

N.º	Désignation des Articles.	Prix-Fixe	
		F.	C.
1155	Entrave cuir, modèle simple, à courroie	5	.
1156	d°. d°. double d°.	9	.
1157	d°. d°. d° à chaîne	8	.
1158	d°. lame genre arabe, nœuds coulants, modèle simple	2	.
1159	d°. d°. d°. double	3	.
1160	Musette ordinaire pour cheval, banderolle cuir	3	.
1161	d°. à grille d°.	4	.
1162	Corde de campement avec piquets, ferrés à anneaux, pour chevaux	7	50
1163	Piquet de campement en bois ferré, à anneau pour chevaux	2	.
1164	d°. d°. fer d°. d°.	4	.
1165	Hache à tête ou marteau avec fourreau, modèle léger	6	.
1166	d°. d°. d°. d°. fort	8	.
1167	d°. à pique grand modèle d°.	10	.
1168	Pioche de campement	7	.
1169	Faucille de campement	2	.
1170	Sac à outils, nécessaire pour campement complet	25	.
1171	Seau toile, petit modèle ordinaire	2	75
1172	d°. grand modèle. 14 litres	4	.
1173	Cuvette toile pour la toilette	2	50
1174	Baquet toile pour la toilette	3	.
1175	Baril de campement 6 litres, cercles fer, fermeture à Pontain et Cadenas	15	.
1176	d°. 10 d°. d°.	16	.
1177	d°. 15 d°. d°.	17	.
1177bis	d°. 20 d°. d°.	18	.
1178	d°. 25 d°. d°.	19	.
1179	d°. 30 d°. d°.	20	.
1180	Table de campement, modèle à X en chêne, se mettant dans un sac	12	.
1181	d°. d°. X vernie, pieds tournés	20	.
1182	d°. bois blanc 80.c s'adaptant à la colonne de tente	15	.
1183	d°. chêne 80.c d°. d°.	20	.

Lith. Bardet, rue de Seine, v. 18. Gravé chez J. A. Lemin

DOCK DU CAMPEMENT

14, Boulevart Poissonnière, à PARIS

CAMPEMENT

CANTINES GARNIES.

N.º 1184.

N.º 1184.

N.º 1184, fermée.

N.º 1185.

N.º 1185, fermée.

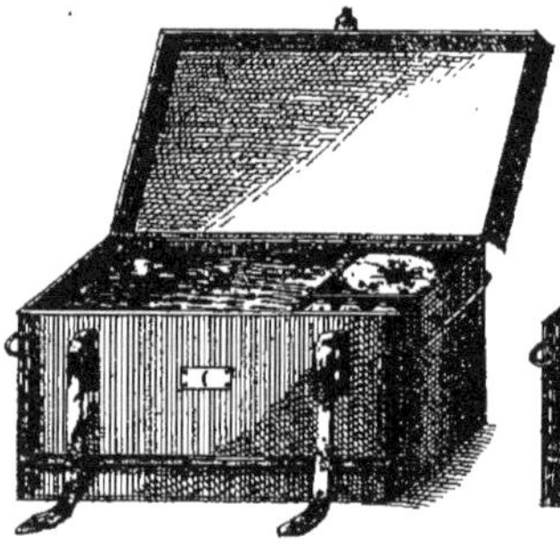

N.º 1186.

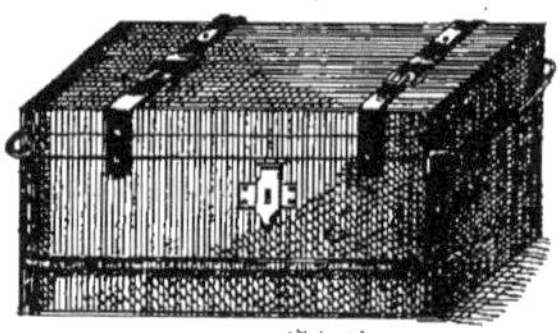

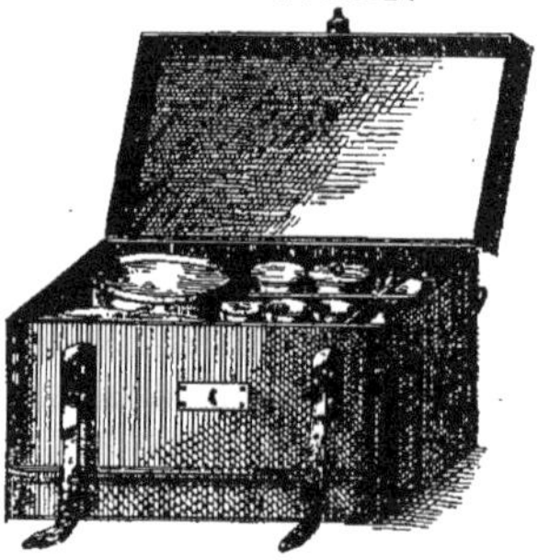

N.º 1187.

N.º 1188.

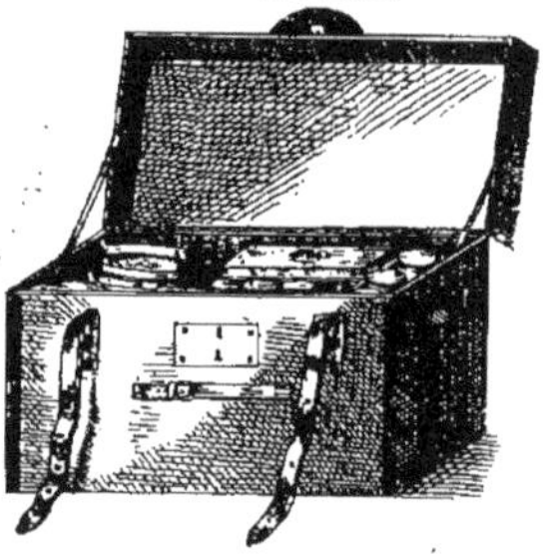

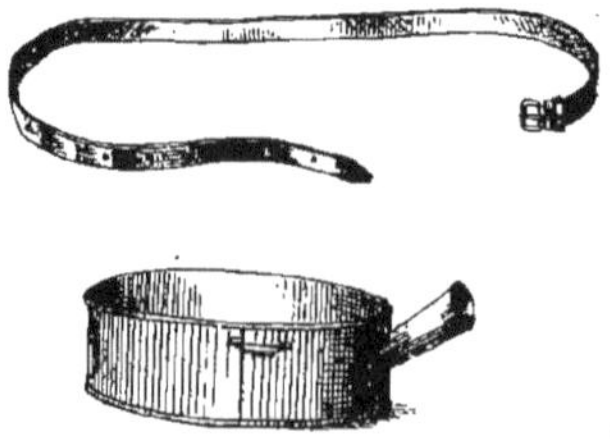

Les N.ºˢ des dessins correspondent aux N.ºˢ ci-contre indicatifs des Objets et des Prix. 

Prix-Fixe.

Nᵒˢ		Prix-Fixe

1184 — Paire de cantines garnies, se chargeant à dos de cheval ou mulet, modèle ordinaire pour campement, composée de :

Une cantine agencement en porcelaine, cristal et Ruolz pour le service de table; l'autre cantine agencement fer battu et divers, pour le service de cuisine.

Pour quatre, six, huit personnes de 3, 4 à 900 fr. la paire. Prix approximatif, variant selon le nombre de pièces et la nature des objets.

1185 — Cantine de campement, chasse ou voyage, modèle six personnes, pouvant à la fois se porter à dos d'homme, ou voyager comme malle ordinaire; agencement fer battu pour service de table et de cuisine.

Contenant : Une marmite, deux casserolles, une bouillotte, un gril, une poêle, un filtre à eau, un filtre à café, une bouteille à vinaigre; deux bouteilles carrées, un litre, un pochon, un écumoir, six couverts, six couteaux, six tasses, douze assiettes, trois plats ronds, deux boîtes à provisions, une broche, un tire-bouchon, un couperet, case vide pour provisions, case vide pour le linge _______________ Prix **150ᶠ**.

1186 — Cantine de chasse pour déjeuners froids, modèle quatre personnes, pouvant se porter à dos d'homme ou comme malle ordinaire; contenant : Une boîte à provisions, deux bouteilles carrées un litre, huit assiettes, deux plats ronds porcelaine, quatre verres cristal, quatre couteaux, quatre couverts Ruolz, une salière métal, un tire-bouchon, case vide pour provisions, case vide pour le linge _______________ Prix **140**.

1187 — Marmite de campement fer battu, contenant le service pour trois personnes : marmite, casserolle, poêle, assiettes, plats, bouillotte, tasses, couverts, couteaux, salières, etc. ___ Prix **20**.

1188 — Même marmite de campement, fer battu, contenant le service pour six personnes : marmite, casserolle, poêle, assiettes, plats, bouillotte, tasses, couverts, couteaux, salières, etc. _______________ Prix **24**.

Les demandes d'envoi doivent indiquer exactement le Nᵒ de chaque article.

CAMPEMENT

FER BATTU, COUTELLERIE.

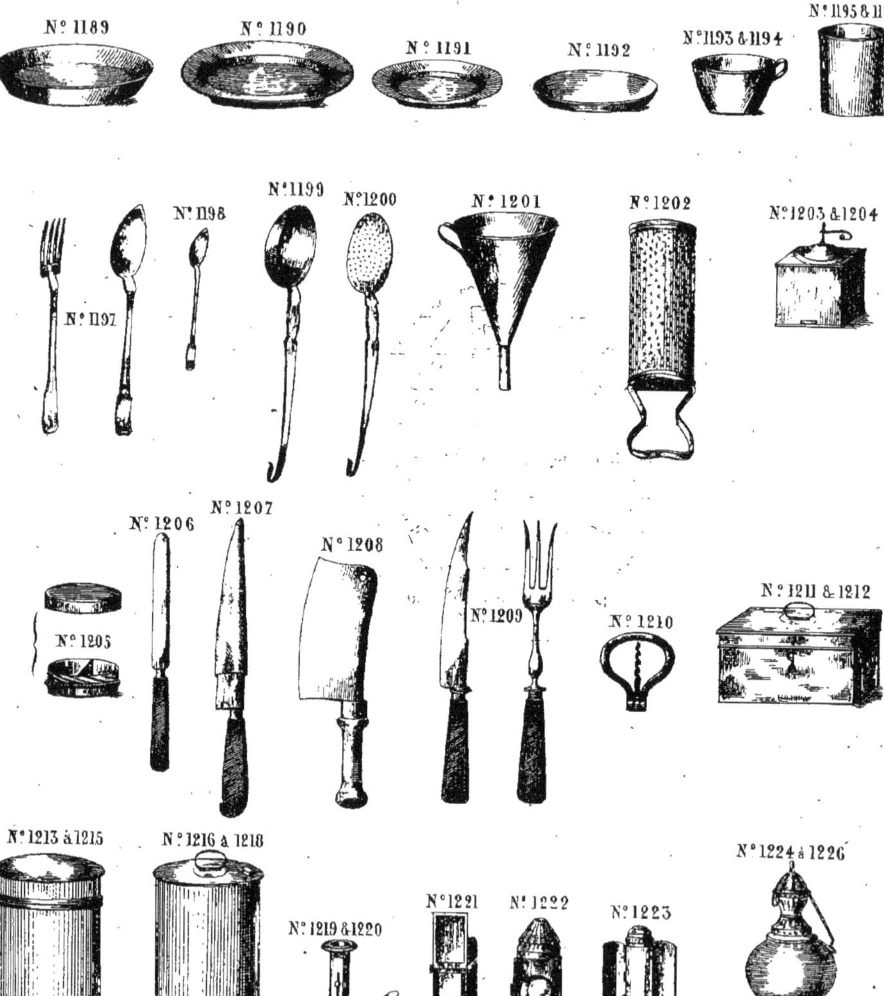

N°ˢ	Désignation des Articles.	Prix-Fixe.	
		F.	C.
1189	Plat de service, fer battu étamé, rond, creux sans anses, 28ᶜ diamètre	1	75
1190	d°. d°. plat d°. d°.	1	50
1191	Assiette d°. plate 20ᶜ de diamètre		65
1192	d°. d°. creuse d°.		70
1193	Tasse ronde d°. modèle à anses 8ᶜ		35
1194	d°. d°. d°. 10ᶜ		50
1195	Timbale ou Gobelet d°. 6ᶜ diamètre		40
1196	d°. d°. 7ᶜ d°.		50
1197	Cuillère et Fourchette d°. modèle fort, la douzaine de couverts 4ᶠ80, le couvert		40
1198	Cuillère à café d°. d°. d°. 1ᶠ20, la cuillère		10
1199	Pochon ordinaire d°. 8ᶜ diamètre		50
1200	Écumoire d°. d°. 9ᶜ d°.		45
1201	Entonnoir d°. d°. 12ᶜ d°.		50
1202	Rape à sucre d°. 16ᶜ longueur		50
1203	Moulin à café, petit modèle	1	50
1204	d°. grand d°.	2	50
1205	Salière métal à séparation	2	25
1206	Couteau de table manche noir		75
1207	Couteau de cuisine avec fourreau	3	
1208	Couperet d°. d°.	3	75
1209	Couteau et Fourchette, modèle ordinaire, pour dépecer	4	
1210	Tire-bouchon fermant		75
1211	Boîte à vivres, carrée pour réserve, longueur 15ᶜ largeur 10ᶜ hauteur 5ᶜ	2	25
1212	d°. d°. 20ᶜ 10ᶜ 6ᶜ	2	75
1213	Boîte ronde pour graisse ou farine, hauteur 15ᶜ diamètre 10ᶜ	1	75
1214	d°. d°. 17ᶜ 12ᶜ	2	25
1215	d°. d°. 20ᶜ 13ᶜ	2	75
1216	Bidon à l'huile, bouchon à vis étain 14ᶜ diamètre 10ᶜ	2	
1217	d°. d°. 15ᶜ 11ᶜ	2	50
1218	d°. d°. 20ᶜ 12ᶜ	3	
1219	Bougeoir ordinaire, fer battu étamé	1	05
1220	d°. cuivre	1	50
1221	Lanterne sourde carrée pour huile	7	
1222	d°. d°. ronde d°.	7	
1223	d°. d°. cylindrique pour bougies	2	
1224	d°. ronde, dite marine, petit modèle	3	50
1225	d°. d°. d°. moyen d°.	4	25
1226	d°. d°. d°. grand d°.	5	

Les demandes d'envoi doivent indiquer exactement le N⁰ de chaque article.

FABRIQUE — et — Magasins de vente —— Commission-Exportation.	# DOCK DU CAMPEMENT 14, Boulevart Poissonnière, à PARIS	FOURNITURES pour l'Armée, les Chemins de Fer, les Administrations etc.

CAMPEMENT

FER BATTU, FER-BLANC.

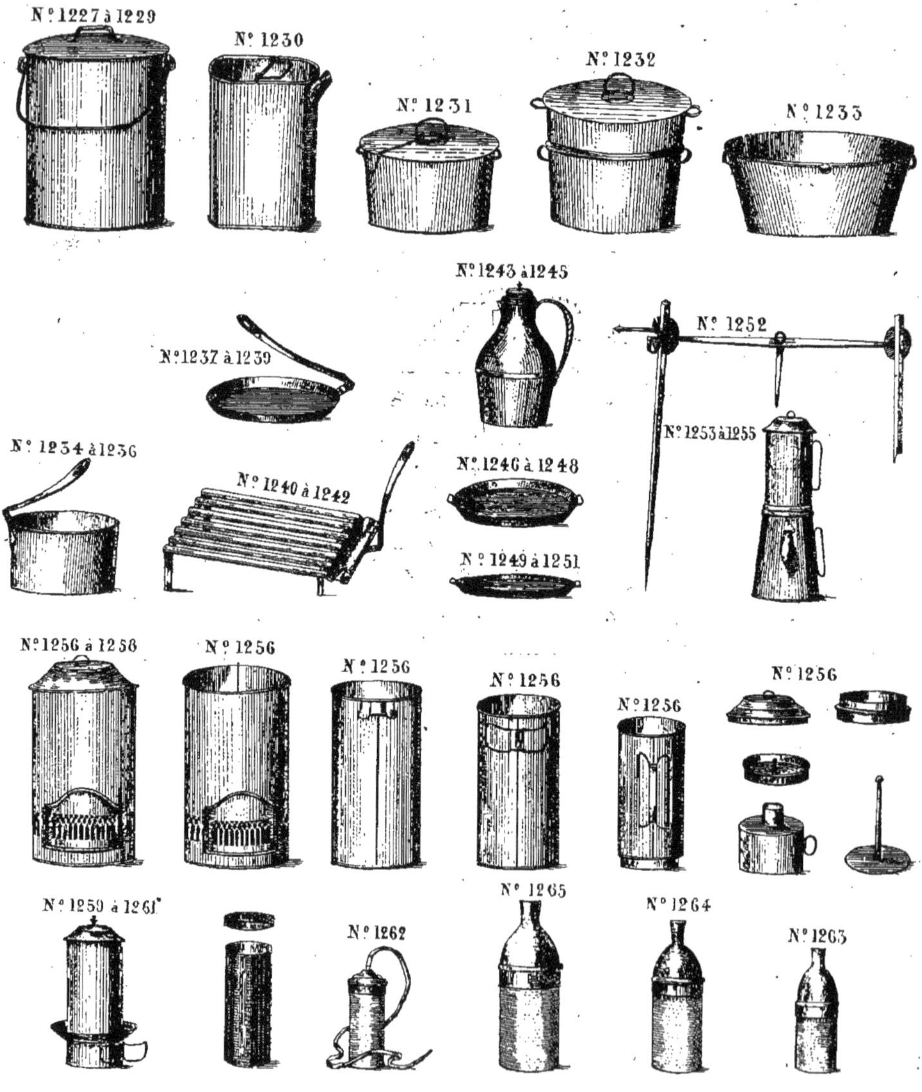

N° 1227 à 1229

N° 1230

N° 1231

N° 1232

N° 1233

N° 1243 à 1245

N° 1237 à 1239

N° 1252

N° 1234 à 1236

N° 1240 à 1242

N° 1246 à 1248

N° 1253 à 1255

N° 1249 à 1251

N° 1256 à 1258

N° 1256

N° 1256

N° 1256

N° 1256

N° 1256

N° 1259 à 1261

N° 1262

N° 1265

N° 1264

N° 1263

Les N°s des dessins correspondent aux N°s ci-contre indicatifs des Objets et des Prix. 

N°	Désignation des Articles.	Prix-Fixe	
		F.	C.
1227	Marmite ronde , fer battu étamé 20° diamètre, modèle 2 personnes	3	50.
1228	d°. d°. 22° d°. 4 d°.	4	50
1229	d°. d°. 24° d°. 6 d°.	5	50
1230	Grand bidon de campement modèle militaire	3	50
1231	Gamelle individuelle	1	75
1232	Gamelle militaire avec compartiments	3	.
1233	Gamelle 8 hommes	3	50
1234	Casserolle queue brisée fer battu étamé, 16° diamètre	3	25
1235	d°. d°. d°. 20° d°.	4	25
1236	d°. d°. d°. 24° d°.	5	25
1237	Poêle ou coupe Lyonnaise , queue brisée 20° diamètre	1	75
1238	d°. d°. d°. 22° d°.	2	.
1239	d°. d°. d°. 24° d°.	2	25
1240	Gril fer battu étamé d°. 6 barres	2	.
1241	d°. d°. 8 d°.	2	25
1242	d°. d°. 10 d°.	2	50
1243	Bouillotte , fer battu étamé, 4 tasses	1	75
1244	d°. d°. 6 d°.	2	.
1245	d°. d°. 8 d°.	2	50
1246	Plat d°. rond à anses , 16° diamètre	.	75
1247	d°. d°. d°. 20° d°.	1	.
1248	d°. d°. d°. 24° d°.	1	25
1249	d°. d°. long à anses 28° longueur	1	25
1250	d°. d°. d°. 32° d°.	1	50
1251	d°. d°. d°. 36° d°.	2	.
1252	Broche de Campement en son fourreau	5	.
1253	Filtre à café , 2 tasses	1	25
1254	d°. 4 d°.	1	75
1255	d°. 6 d°.	2	25
1256	Réchaud Cafetière , Chocolatière , pour chauffer à l'esprit de vin, 2 tasses	5	.
1257	d°. d°. d°. d°. 4 d°.	5	50
1258	d°. d°. d°. d°. 6 d°.	6	.
1259	Caléfacteur , système pour chauffer à l'esprit de vin 2 tasses	1	25
1260	d°. d°. d°. 4 d°.	1	50
1261	d°. d°. d°. 6 d°.	1	75
1262	Filtre de poche avec boîte	4	.
1263	Filtre bouteille , 1 litre	3	.
1264	d°. 2 d°.	4	.
1265	d°. 3 d°.	5	.

Les demandes d'envoi doivent indiquer exactement le N°. de chaque article.

DOCK DU CAMPEMENT

14, Boulevart Poissonnière, à PARIS

CAMPEMENT

ORFÈVRERIE RUOLZ, PORCELAINE.

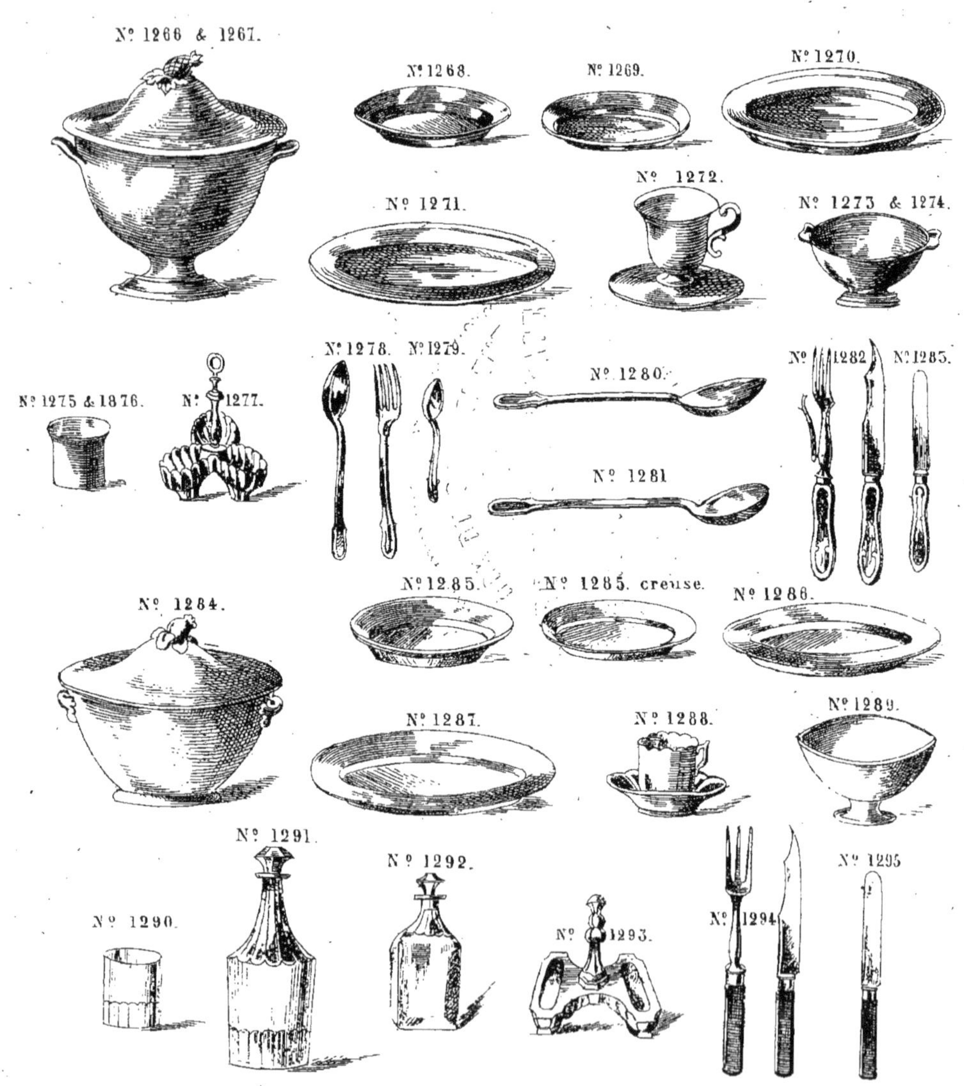

Les N.^{os} des dessins correspondent aux N.^{os} ci-contre indicatifs des Objets et des Prix.

N.ᵒˢ	Désignation des Articles.	Prix-Fixe.	
		F.	C.
1266	Soupière métal blanc argenté, modèle 4 personnes	35	.
1267	d.ᵒ d.ᵒ 6 d.ᵒ	45	.
1268	Assiette creuse, 21 %. diamètre	16	.
1269	d.ᵒ plate d.ᵒ d.ᵒ	16	.
1270	Plat rond à filets 27 %. diamètre	26	.
1271	d.ᵒ long d.ᵒ 36 %.	42	.
1272	Tasse unie avec soucoupe	24	.
1273	Bol à potage, 1 personne	13	.
1274	d.ᵒ 2 d.ᵒ	18	.
1275	Timbale unie forte 7 %. 1/2	6	.
1276	d.ᵒ 8 %.	7	.
1277	Salière à 3 compartiments	12	.
1278	Couvert à filets, bruni, 1.ʳᵉ qualité, la douzaine 66 fr., le couvert	5	50
1279	Cuillère à café bruni, 1.ʳᵉ d.ᵒ d.ᵒ 15 fr., la pièce	1	25
1280	Cuillère à potage d.ᵒ 1.ʳᵉ d.ᵒ la pièce	9	.
1281	Cuillère à ragout d.ᵒ 1.ʳᵉ d.ᵒ d.ᵒ	7	.
1282	Service à dépecer, fourchette à ressort, le service	12	.
1283	Couteau de table lame acier, manche à filets la douzaine 33 fr., la pièce	2	75
1284	Soupière porcelaine	4	25
1285	Assiette plate ou creuse	.	85
1286	Plat rond	2	.
1287	d.ᵒ long ovale	3	50
1288	Tasse à café	.	75
1289	Bol porcelaine	.	75
1290	Gobelet (verre droit) cristal	.	60
1291	Carafe cristal	4	50
1292	Flacon carré cristal	3	50
1293	Salière double	1	75
1294	Service à dépecer, modèle ordinaire, manche noir	4	.
1295	Couteau de table	.	75

Les demandes d'envoi doivent indiquer exactement le N.º de chaque article.

DOCK DU CAMPEMENT

14, Boulevart Poissonnière, à PARIS

CAMPEMENT

TENTES.

N° 1296 à 1304.

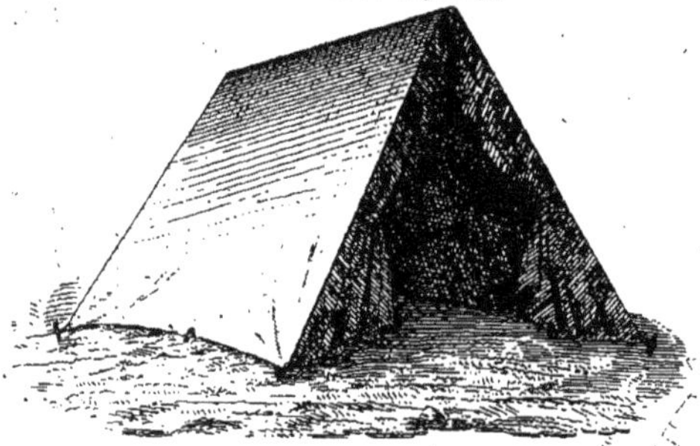

N° 1305 à 1313.

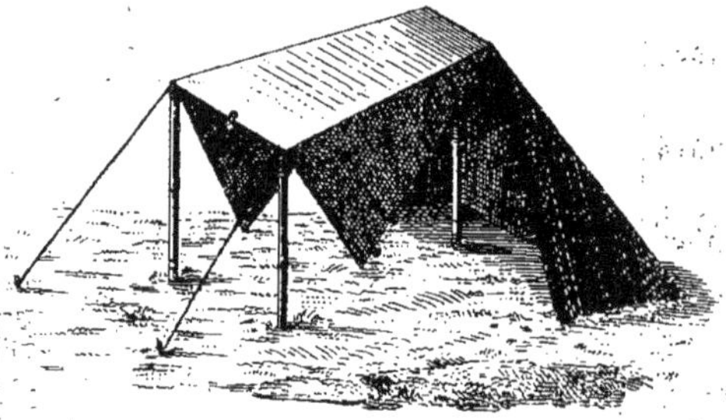

N° 1314 à 1316.

N° 1317.

Les N°s des dessins correspondent aux N°s ci-contre indicatifs des Objets et des Prix. 

Lith. Barthe, rue de Provence, 18.

Gravé chez J. A. Landé

Nos	Désignation des Articles.	Dimensions.	Prix-Fixe.		Poids.
			F.	C.	
1296	Tente toile grise conique, forme bonnet de police, une porte, grandeur	2ᵐ carrés	80	.	13 Kil.
1297	d°. — d°. — d°. — d°.	2ᵐ750 d°.	90	.	15 d°.
1298	d°. — d°. — d°. — d°.	3ᵐ d°.	100	.	17 d°.
1299	Même tente doublée coton	2ᵐ d°.	100	.	15 d°.
1300	d°. — d°.	2ᵐ750 d°.	120	.	17 d°.
1301	d°. — d°.	3ᵐ d°.	130	.	19 d°.
1302	d°. doublée laine	2ᵐ d°.	125	.	15 d°.
1303	d°. — d°.	2ᵐ750 d°.	140	.	17 d°.
1304	d°. — d°.	3ᵐ d°.	155	.	19 d°.
1305	Tente toile grise, conique, forme bonnet de police, une porte formant rabat	2ᵐ d°.	85	.	13 d°.
1306	d°. — d°. — d°. — d°.	2ᵐ750 d°.	95	.	15 d°.
1307	d°. — d°. — d°. — d°.	3ᵐ d°.	105	.	17 d°.
1308	Même tente doublée coton	2ᵐ d°.	105	.	15 d°.
1309	d°. — d°.	2ᵐ750 d°.	125	.	17 d°.
1310	d°. — d°.	3ᵐ d°.	135	.	19 d°.
1311	d°. doublée laine	2ᵐ d°.	130	.	15 d°.
1312	d°. — d°.	2ᵐ750 d°.	145	.	17 d°.
1313	d°. — d°.	3ᵐ d°.	160	.	19 d°.
1314	Tente toile grise, conique, modèle d'officier, traverses à douilles, mont. de côtés, brisées avec tube	2ᵐ d°.	55	.	11 d°.
1315	Même tente doublée coton	2ᵐ d°.	75	.	13 d°.
1316	d°. doublée laine	2ᵐ d°.	95	.	13 d°.
1317	Tente toile grise, dite abri type ministériel, mod. de troupe, complète pʳ 2 hommes 2 toiles, mont &ᶜ.	2ᵐ d°.	28	.	4 d°.

Les demandes d'envoi doivent indiquer exactement le Nº de chaque article.

FABRIQUE
— et —
Magasins de vente

Commission-Exportation.

DOCK DU CAMPEMENT

14, Boulevart Poissonnière, à PARIS

FOURNITURES
pour l'Armée,
les Chemins de Fer,
les Administrations
etc.

CAMPEMENT

TENTES.

Nᵒ 1518 à 1526

Nᵒ 1527 à 1343.

Nᵒ 1352 à 1354.

Nᵒ 1355 à 1356.

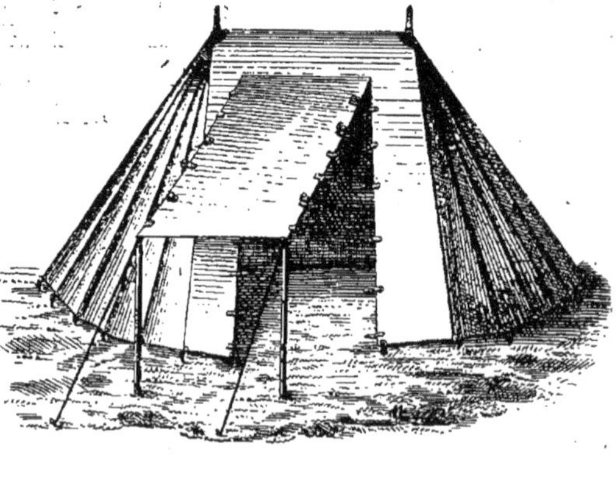

Les Nᵒˢ des dessins correspondent aux Nᵒˢ ci-contre indicatifs des Objets et des Prix. 

N°	Désignation des Articles	Dimensions	F.	C.	Poids
1318	Tente toile grise galonnée, forme marquise, garniture vernie, 2 portes, 2 ventilateurs	2m50 carrés	180	.	22 Kos
1319	d°. — d°. — d°. — d°. — d°.	3m — d°.	210	.	26 d°.
1320	d°. — d°. — d°. — d°. — d°.	3m50 d°.	240	.	30 d°.
1321	d°. — d°. — d°. — d°. — d°.	4m — d°.	280	.	36 d°.
1322	Tente marquise, toile grise non galonnée, garniture ordinaire, d°. — d°.	2m30 d°.	140	.	19 d°.
1323	d°. — d°. — d°. — d°. — d°.	2m50 d°.	160	.	22 d°.
1324	d°. — d°. — d°. — d°. — d°.	3m — d°.	175	.	26 d°.
1325	d°. — d°. — d°. — d°. — d°.	3m50 d°.	195	.	30 d°.
1326	d°. — d°. — d°. — d°. — d°.	4m — d°.	220	.	36 d°.
1327	Tente marquise, garniture ordinaire, — la porte formant rabat	2m30 d°.	135	.	19 d°.
1328	d°. — d°. — d°. — d°.	2m50a d°.	145	.	22 d°.
1329	d°. — d°. — d°. — d°.	3m — d°.	170	.	26 d°.
1330	d°. — d°. — d°. — d°.	3m50 d°.	190	.	30 d°.
1331	d°. — d°. — d°. — d°.	4m — d°.	215	.	36 d°.
1332	d°. — d°. — d°. — 2 portes formant rabat	2m50 d°.	155	.	22 d°.
1333	d°. — d°. — d°. — d°.	3m — d°.	175	.	26 d°.
1334	d°. — d°. — d°. — d°.	3m50 d°.	195	.	30 d°.
1335	d°. — d°. — d°. — d°.	4m — d°.	220	.	36 d°.
1336	Tente toile grise galonnée forme marquise, garnit. vernie, sous ventilateur, une porte formant rabat	2m50 d°.	170	.	22 d°.
1337	d°. — d°. — d°. — d°.	3m — d°.	190	.	26 d°.
1338	d°. — d°. — d°. — d°.	3m50 d°.	220	.	30 d°.
1339	d°. — d°. — d°. — d°.	4m — d°.	270	.	36 d°.
1340	d°. — d°. — d°. — les 2 portes formant rabat	2m50 d°.	175	.	22 d°.
1341	d°. — d°. — d°. — d°.	3m — d°.	200	.	26 d°.
1342	d°. — d°. — d°. — d°.	3m50 d°.	225	.	30 d°.
1343	d°. — d°. — d°. — d°.	4m — d°.	280	.	36 d°.
1344	Doublage en coton d'une tente marquise, grandeur	2m50 d°.	50	.	25 d°.
1345	d°. — d°. — d°.	3m — d°.	65	.	29 d°.
1346	d°. — d°. — d°. — d°.	3m50 d°.	85	.	34 d°.
1347	d°. — d°. — d°. — d°.	4m — d°.	100	.	40 d°.
1348	d°. — en laine — d°. — d°. — d°.	2m50 d°.	75	.	25 d°.
1349	d°. — d°. — d°. — d°.	3m — d°.	90	.	29 d°.
1350	d°. — d°. — d°. — d°.	3m50 d°.	115	.	34 d°.
1351	d°. — d°. — d°. — d°.	4m — d°.	135	.	40 d°.
1352	Tente toile grise, ronde, militaire dite Marabout, garnie de sangles, cordes, piquets, etc.	3m diamètre	155	.	30 d°.
1353	d°. — d°. — d°.	3m50 d°.	170	.	34 d°.
1354	d°. — d°. — d°.	4m — d°.	190	.	38 d°.
1355	d°. — militaire dite canonnière, modèle 16 hommes, grandeur 6m sur 4, garnie de sangles monture tournée, brisée à tubes, cordes, piquets, &c. &c.		300	.	42 d°.
1356	Même tente militaire, sans enveloppe, montant en traverses non brisés		280	.	40 d°.

CAMPEMENT

TENTES DE JARDINS.

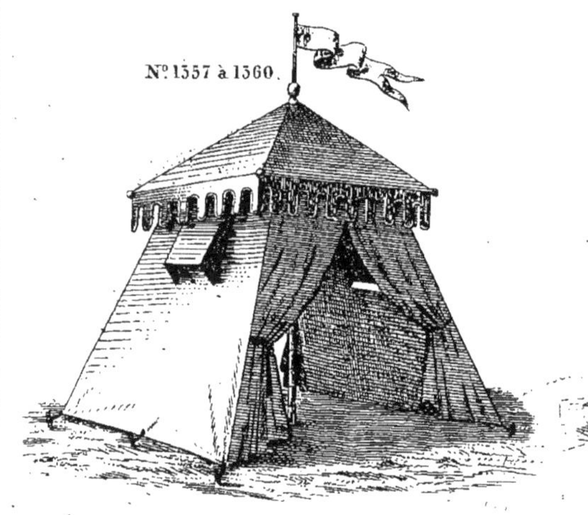

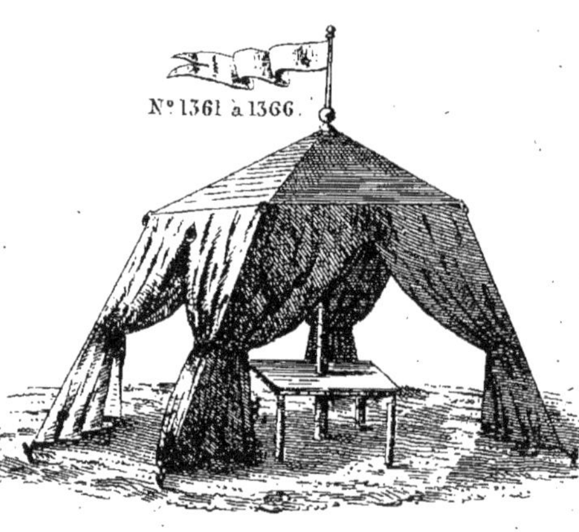

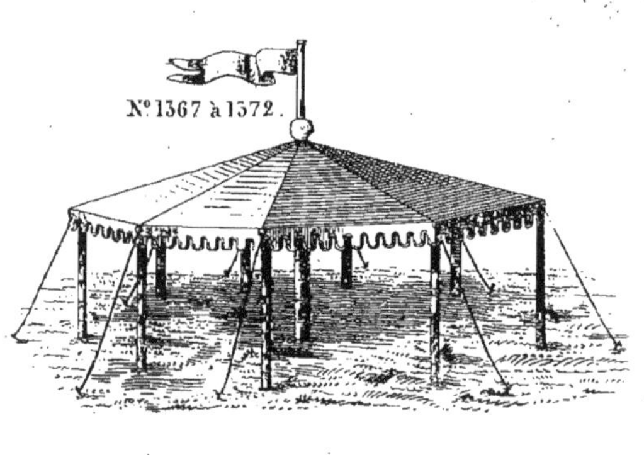

Les Nᵒˢ des dessins correspondent aux Nᵒˢ ci-contre indicatifs des Objets et des Prix. 

N°	Désignation des Articles.	Dimensions	Prix-Fixe.	
			F.	C.
1357	Tentes coutil fin galonné, forme marquise, avec châssis	2m50 carrés	310	.
1358	d° d° d° d°	3m d°	340	.
1359	d° toile grise d° d°	2m50 d°	270	.
1360	d° d° d° d°	3m d°	300	.
1361	d° coutil fin, 2 portes, 2 ventilateurs, sans châssis (la table n'est pas comprise dans le prix)	2m50 d°	200	.
1362	d° d° d° d°	3m d°	230	.
1363	d° d° d° d°	3m50 d°	260	.
1364	d° toile grise d° d°	2m50 d°	180	.
1365	d° d° d° d°	3m d°	210	.
1366	d° d° d° d°	3m50 d°	260	.
1367	d° coutil fin, marquise ou parasol, montée par des colonnes et des cordes de tirage	2m50 d°	280	.
1368	d° d° d° d° d°	3m d°	310	.
1369	d° d° d° d° d°	3m50 d°	360	.
1370	d° toile grise d° d° d°	2m50 d°	260	.
1371	d° d° d° d° d°	3m d°	290	.
1372	d° d° d° d°	3m50 d°	340	.
1373	d° coutil léger sans galons, garniture ordinaire, forme octogone	2m50 d°	180	.
1374	d° d° d° d° d°	3m d°	200	.
1375	d° d° d° d° d°	3m50 d°	230	.
1376	d° toile grise d° d° d°	2m50 d°	180	.
1377	d° d° d° d° d°	3m d°	220	.
1378	d° d° d° d° d°	3m50 d°	250	.
1379	d° coutil fin galonné, garniture vernie	2m50 d°	235	.
1380	d° d° d° d°	3m d°	260	.
1381	d° d° d° d°	3m50 d°	280	.
1382	d° toile grise d° d°	2m50 d°	220	.
1383	d° d° d° d°	3m d°	230	.
1384	d° d° d° d°	3m50 d°	250	.

Les demandes d'envoi doivent indiquer exactement le N° de chaque article.

DOCK DU CAMPEMENT

14, Boulevart Poissonnière, à PARIS

CAMPEMENT

TENTES & PAVILLONS DE JARDINS.

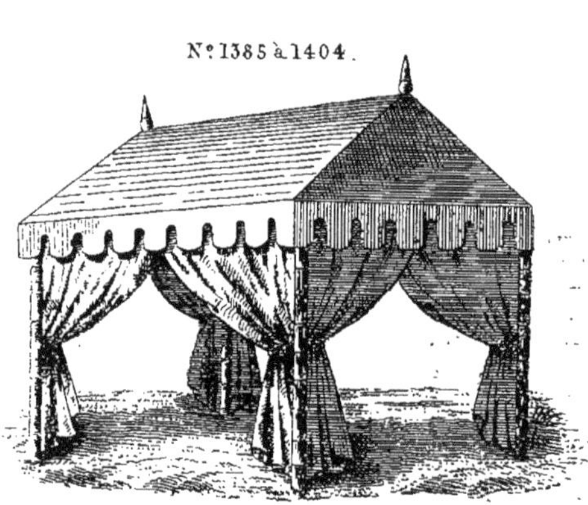

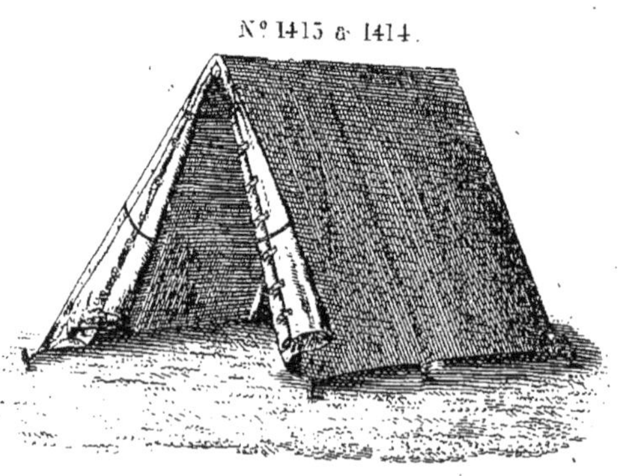

Les N.os des dessins correspondent aux N.os ci-contre indicatifs des Objets et des Prix.

N°.	Désignations des Articles.	F.	C.
1385	Pavillon coutil fin, monté sur charpente, colonnes tournées vernies, imitation bambou, lambrequin, rideaux, embrasses, etc. __ d°. __ d°. __ 3m/carrés	500	.
1386	__ d°. __ d°. __ d°. __ d°. __ d°. __ 3m/50 d°.	580	.
1387	__ d°. __ d°. __ d°. __ d°. __ d°. __ 4m/ d°.	665	.
1388	__ d°. __ d°. __ d°. __ d°. __ d°. __ 4m/50 d°.	735	.
1389	__ d°. __ d°. __ d°. __ d°. __ d°. __ 5m/ d°.	810	.
1390	Même pavillon coutil, rideaux en moins __ 3m/ d°.	365	.
1391	__ d°. __ d°. __ 3m/50 d°.	430	.
1392	__ d°. __ d°. __ 4m/ d°.	510	.
1393	__ d°. __ d°. __ 4m/50 d°.	560	.
1394	__ d°. __ d°. __ 5m/ d°.	615	.
1395	Même pavillon toile, avec rideaux, galonné, embrasses, etc. __ 3m/ d°.	475	.
1396	__ d°. __ d°. __ d°. __ 3m/50 d°.	550	.
1397	__ d°. __ d°. __ d°. __ 4m/ d°.	630	.
1398	__ d°. __ d°. __ d°. __ 4m/50 d°.	700	.
1399	__ d°. __ d°. __ d°. __ 5m/ d°.	770	.
1400	Même pavillon toile, sans rideaux __ 3m/ d°.	340	.
1401	__ d°. __ d°. __ 3m/50 d°.	415	.
1402	__ d°. __ d°. __ 4m/ d°.	485	.
1403	__ d°. __ d°. __ 4m/50 d°.	435	.
1404	__ d°. __ d°. __ 5m/ d°.	580	.
1405	Les colonnes en sapin équarri remplaçant les colonnes tournées, font en diminution sur les 3m/ et 3m/50	70	.
1406	__ d°. __ d°. __ d°. __ d°. __ d°. __ 4m/ et 4m/50	90	.
1407	Tente de terrasse, couverte toile ou coutil, charpente bois ou fer, avec ou sans rideaux, prix variant de 100 - 125 - 150 - 175 - à 200f. suivant grandeur et disposition		
1408	Tente coutil léger, forme marquise, dites bain de mer, façon ordinaire, 1 porte __ 2m/	100	.
1409	__ d°. __ d°. __ d°. __ d°. __ 1 d°. __ 2m/50	110	.
1410	__ d°. __ d°. __ d°. __ d°. __ 2 d°. 2 ventil. 2m/	110	.
1411	__ d°. __ d°. __ d°. __ d°. __ 2 d°. 2 __ d° 2m/50	120	.
1412	Store coutil ou toile, pour fenêtre de 15, 20, 25, 30 à 35f. suivant grandeur et disposition		
1413	Tente coutil léger, forme bonnet de police, dites bain de mer, grandeur __ 2m/	70	.
1414	Tente de photographie, même modèle, doublée deux étoffes (jaune et noir) __ 2m/	110	.
1415	__ d°. __ forme marquise, __ d°. __ 2m/	150	.
1416	__ d°. __ d°. __ d°. __ 2m/50	175	.

Les demandes d'envoi doivent indiquer exactement le N°. de chaque article.

CAMPEMENT

HAMACS.

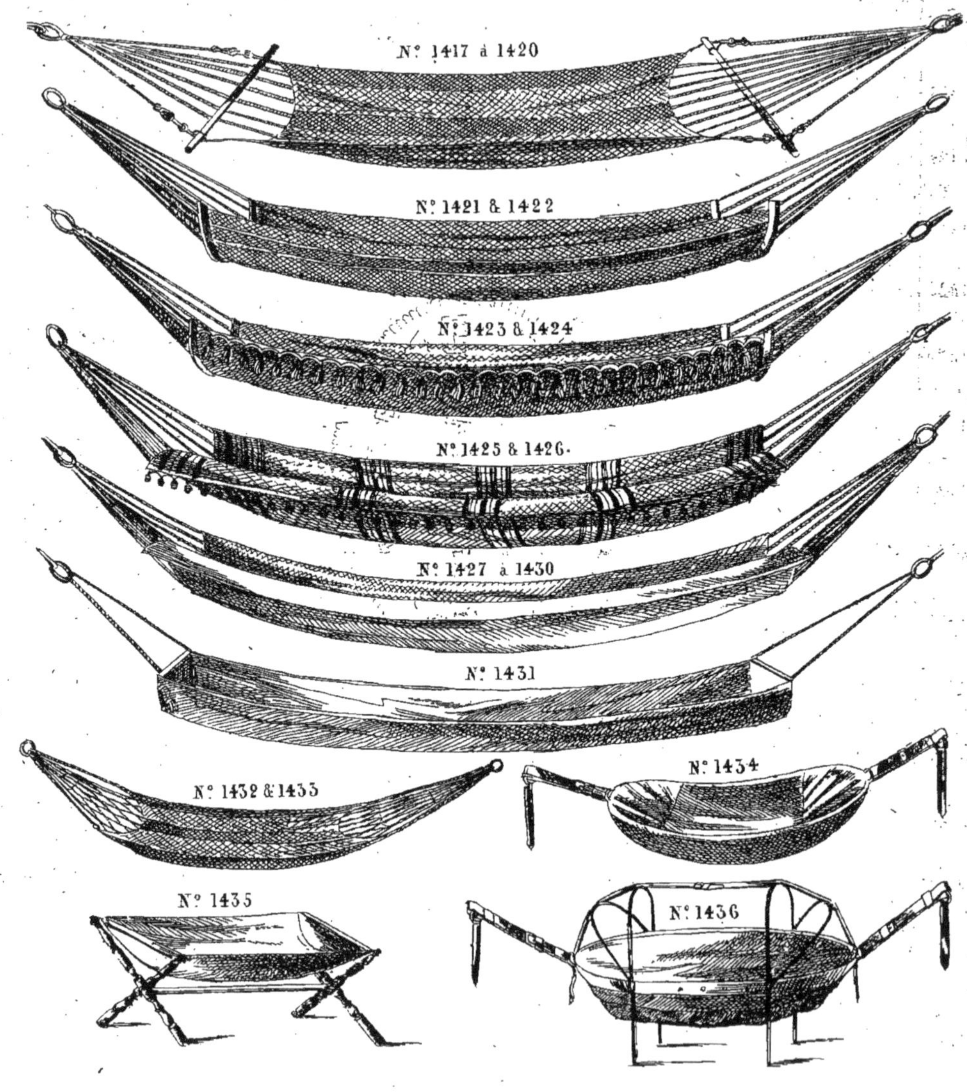

Les N.ᵒˢ des dessins correspondent aux N.ᵒˢ ci-contre indicatifs des Objets et des Prix.

N°.	Désignation des Articles.	Prix-Fixe.	
		F.	C.
1417	Hamac ordinaire, soie végétale, blanc ou varié de couleurs, mailles simples, sans garniture	9	»
1418	d°. d°. d°. d°. avec garnit.^re de cordes, bâtons et crochets	20	»
1419	d°. d°. d°. d°. doubles sans garniture	15	»
1420	d°. d°. d°. d°. avec d°.	25	»
1421	d°. d°. d°. d°. simples avec fer cintré à brisures	25	»
1422	d°. d°. d°. d°. doubles d°. d°.	30	»
1423	d°. d°. d°. extra fin d°. sans fer cintré	45	»
1424	d°. d°. d°. d°. d°. avec fer cintré	50	»
1425	d°. tissu coton rayé en Écossais avec franges, modèle ordinaire	20	»
1426	d°. d°. d°. grand modèle	23	»
1427	d°. coutil fil et coton, araignées et cordes	15	»
1428	d°. d°. bois cintrés, araignées et cordes	25	»
1429	d°. treillis ou toile à voile, araignées et cordes	13	»
1430	d°. d°. bois cintrés, araignées et cordes	23	»
1431	d°. d°. modèle de prison, bois droits	10	»
1432	d°. d'enfant, soie végétale, blanc ou varié de couleurs, mailles simples, sans garniture	8	»
1433	d°. d°. d°. d°. doubles d°.	10	»
1434	d°. d'enfant coutil, cintré, fer et courroies de suspension pour voiture de voyage	16	»
1435	d°. d°. forme berceau, pieds à X tournés, pour voyage et intérieur	25	»
1436	d°. d°. d°. monture fer, modèle pliant, volume d'un sac de nuit	50	»

Les demandes d'envoi doivent indiquer exactement le N° de chaque article.

CAMPEMENT

SIÈGES-PLIANTS

Nº 1444 à 1450. Nº 1451 à 1457. Nº 1458 à 1462.

Nº 1437 à 1443.

Nº 1463. Nº 1464. Nº 1465.

Nº 1466. Nº 1467. Nº 1468 & 1469.

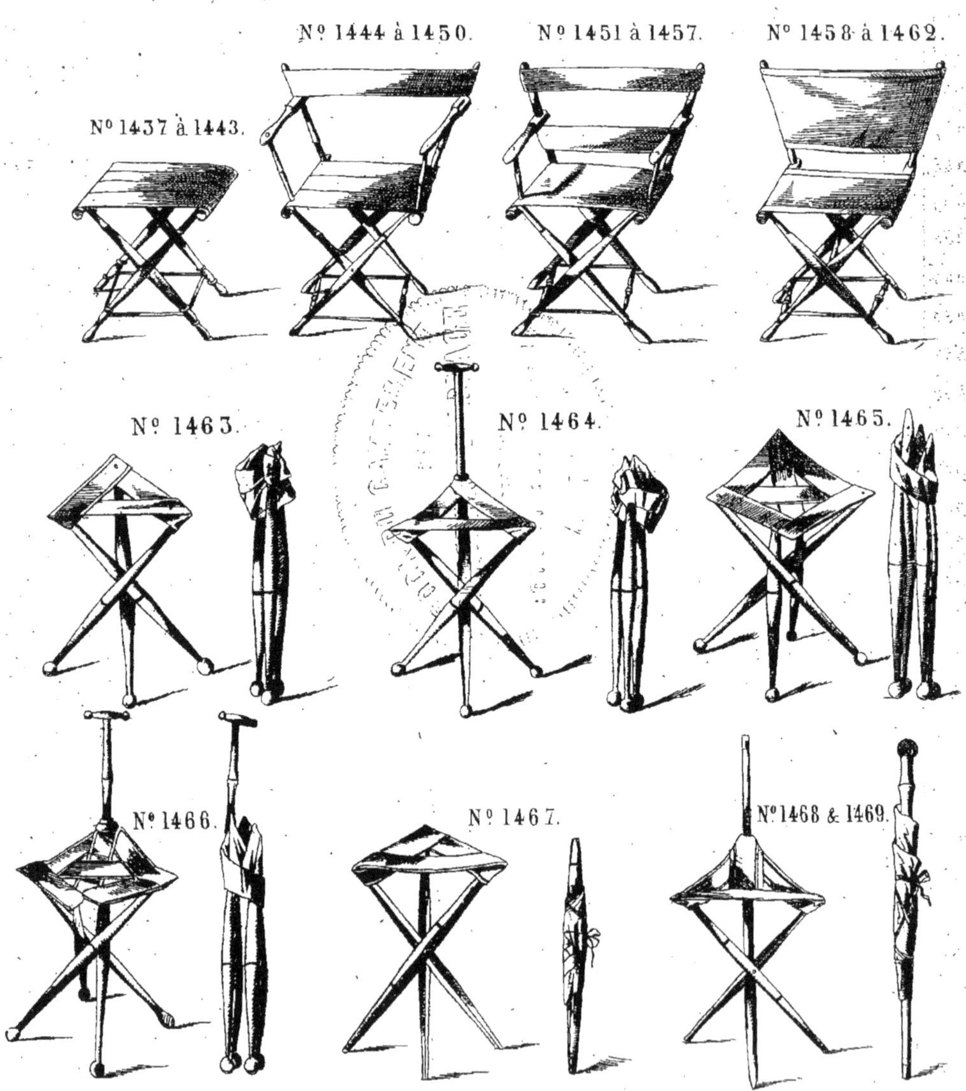

Les Nºˢ des dessins correspondent aux Nºˢ ci-contre indicatifs des Objets et des Prix.

Nᵒˢ	Désignation des Articles.	F.	C.
1437	Pliant ordinaire, modèle d'enfant	2	
1438	d°. simple — d°. — plus grand	2	50
1439	d°. d°. d°. — moyen	2	75
1440	d°. d°. d°. — grand	3	25
1441	d°. d°. fin d°. — petit	3	50
1442	d°. d°. d°. d°. — moyen	4	50
1443	d°. d°. d°. d°. — grand	5	
1444	d°. fauteuil, ordinaire, un dossier, petit modèle	3	25
1445	d°. d°. d°. d°. — moyen	4	
1446	d°. d°. d°. d°. — grand	5	
1447	d°. d°. fin d°. — petit	6	50
1448	d°. d°. d°. d°. — moyen	7	
1449	d°. d°. d°. d°. — grand	8	
1450	d°. d°. fresne, un dossier, grand modèle force extra	9	
1451	d°. d°. ordinaire, deux dossiers, petit	4	50
1452	d°. d°. d°. d°. — moyen	5	
1453	d°. d°. d°. d°. — grand	6	
1454	d°. d°. fin d°. — petit	8	50
1455	d°. d°. d°. d°. — moyen	9	
1456	d°. d°. d°. d°. — grand	10	
1457	d°. d°. fresne, deux dossiers, grand modèle, force extra	11	
1458	d°. chaise, ordinaire, moyen modèle	6	50
1459	d°. d°. d°. — grand	7	50
1460	d°. d°. fin — moyen	8	50
1461	d°. d°. d°. — grand	10	
1462	d°. d°. fresne, grand modèle extra	11	
1463	Siège, 3 pieds tournés	5	
1464	d°. d°. d°. à béquille	6	
1465	d°. 4 d°. d°.	6	50
1466	d°. d°. d°. d°.	7	
1467	Siège d'artiste	4	50
1468	Canne à siège ordinaire	6	75
1469	d°. d°. brisée en deux parties	7	50

Les demandes d'envoi doivent indiquer exactement le Nᵒ de chaque article.

CAMPEMENT

SIÈGES PLOYANTS

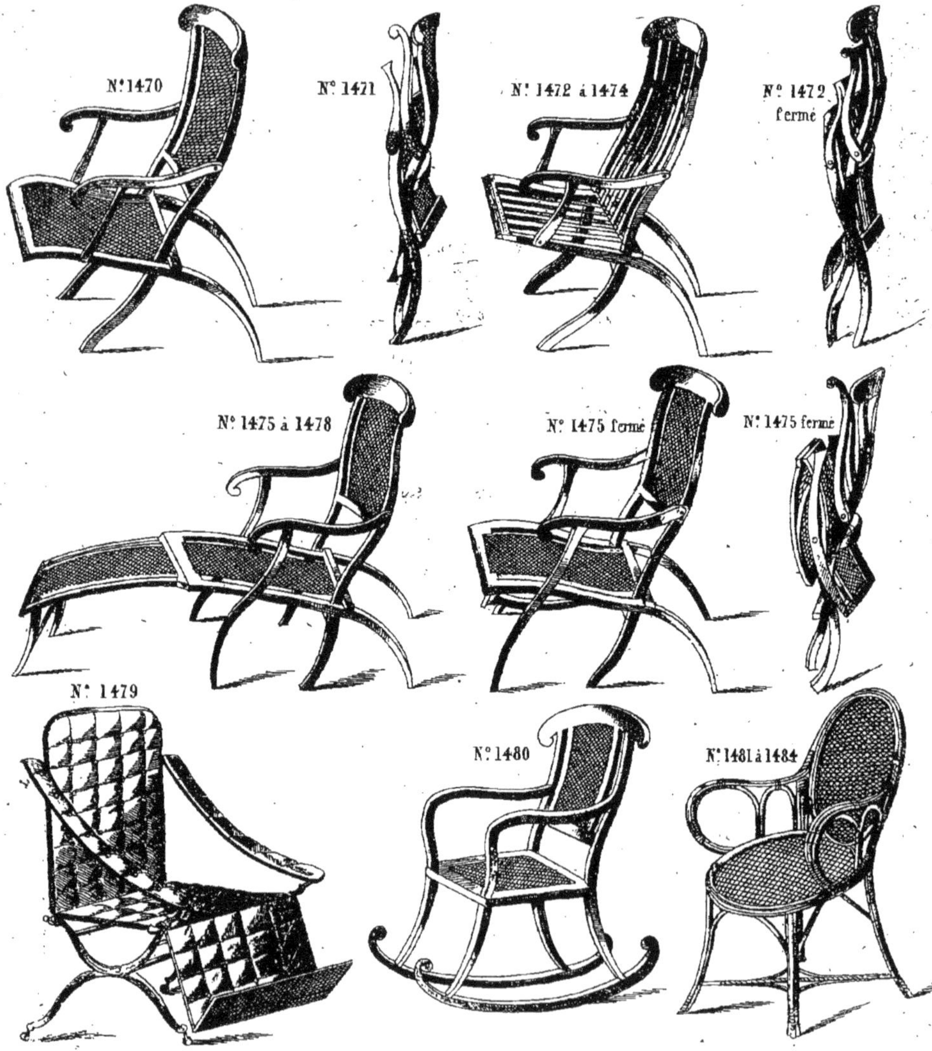
N° 1470
N° 1471
N° 1472 à 1474
N° 1472 fermé
N° 1475 à 1478
N° 1475 fermé
N° 1475 fermé
N° 1479
N° 1480
N° 1481 à 1484

Les N.os des dessins correspondent aux N.os ci-contre indicatifs des Objets et des Prix.

Lith [illegible] rue [illegible] 18
Grav. chez J. A. Lands

N.ᵒˢ	Désignation des Articles.	Prix-Fixe	
		F.	C.
1470	Fauteuil Belge, canné, modèle ployant	25	.
1471	d°. même modèle fermé	25	.
1472	d°. tout bois, verni, ordinaire	15	.
1473	d°. même modèle fermé	15	.
1474	d°. d°. fin	19	.
1475	d°. chaise longue dite flaneuse, hêtre verni, canné, modèle ordinaire	45	.
1476	d°. même modèle ouvert en fauteuil	45	.
1477	d°. même modèle fermé	45	.
1478	d°. d°. grand modèle extra	55	.
1479	d°. fer forgé, garni maroquin, modèle formant lit	250	.
1480	d°. bois balançoire dit Américaine	45	.
1481	d°. jonc ou rotin, grand modèle	33	.
1482	d°. d°. plus grand	27	.
1483	d°. d°. moyen	25	.
1484	d°. d°. petit modèle	22	.

Les demandes d'envoi doivent indiquer exactement le N.ᵒ de chaque article.

CAMPEMENT

SIÈGES PLOYANTS

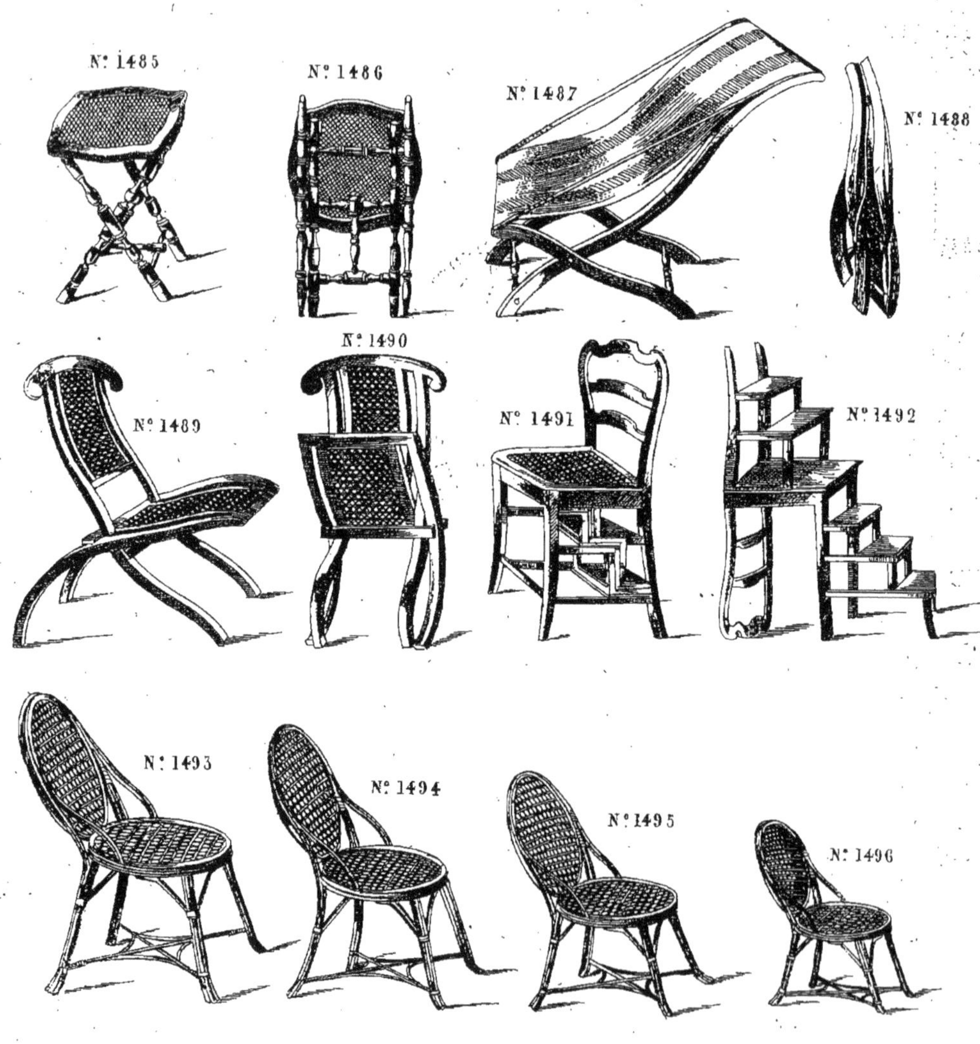

Les N°s des dessins correspondent aux N°s ci-contre indicatifs des Objets et des Prix.

N°.	Désignation des Articles.	Prix-Fixe.	
		F.	C.
1485	Tabouret canné, modèle ployant	7	50
1486	d°. même modèle plié	7	50
1487	Chaise simple dite paresseuse, garniture coutil	24	.
1488	d°. brisée à charnières	28	.
1489	d°. belge, cannée, modèle ployant	16	.
1490	d°. d°. même modèle pliée	16	.
1491	d°. escabeau ou marchepied, pour bibliothèque, modèle fermé	40	.
1492	d°. même modèle ouvert	40	.
1493	d°. jonc ou rotin, grand modèle	15	.
1494	d°. d°. plus petit	13	.
1495	d°. d°. moyen	11	.
1496	d°. d°. petit	9	.

Les demandes d'envoi doivent indiquer exactement le N°. de chaque article.

GYMNASTIQUE.

Les N°⁵ des dessins correspondent aux N°⁵ ci-contre indicatifs des Objets et des Prix.

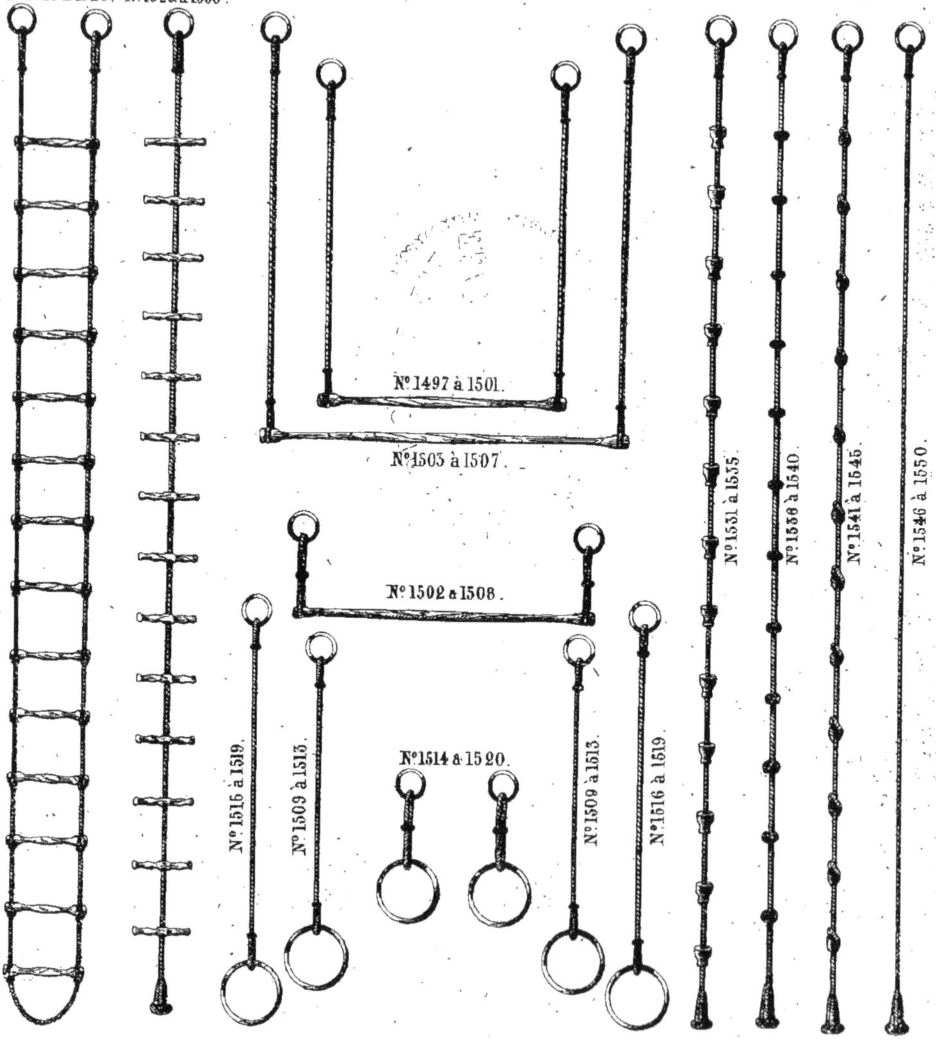

Nᵒˢ	Designation des Articles	Dimensions.	Prix-Fixe. F.	C.
1497	Trapèze bois, petit modèle, cordes pour hauteur de:	3ᵐ	6	50
1498	dᵒ dᵒ dᵒ	3.50	7	.
1499	dᵒ dᵒ dᵒ	4. .	7	50
1500	dᵒ dᵒ dᵒ	4.50	8	.
1501	dᵒ dᵒ dᵒ	5. .	8	50
1502	dᵒ dᵒ mobile ou de rechange	. .	5	.
1503	dᵒ grand modèle, cordes, pour hauteur de:	3. .	7	.
1504	dᵒ dᵒ dᵒ	3.50	7	50
1505	dᵒ dᵒ dᵒ	4. .	8	.
1506	dᵒ dᵒ dᵒ	4.50	8	50
1507	dᵒ dᵒ dᵒ	5. .	9	.
1508	dᵒ dᵒ mobile ou de rechange	. .	5	50
1509	dᵒ à anneaux, petit modèle, cordes pour hauteur de:	3. .	7	50
1510	dᵒ dᵒ dᵒ	3.50	8	.
1511	dᵒ dᵒ dᵒ	4. .	8	50
1512	dᵒ dᵒ dᵒ	4.50	9	.
1513	dᵒ dᵒ dᵒ	5. .	9	50
1514	dᵒ dᵒ mobile ou de rechange	. .	6	50
1515	dᵒ à anneaux, grand modèle, cordes pour hauteur de:	3. .	8	.
1516	dᵒ dᵒ dᵒ	3.50	8	50
1517	dᵒ dᵒ dᵒ	4. .	9	.
1518	dᵒ dᵒ dᵒ	4.50	9	50
1519	dᵒ dᵒ dᵒ	5. .	10	.
1520	dᵒ dᵒ mobile ou de rechange	. .	6	.
1520bis	dᵒ à anneaux enveloppés cuir, mobile ou de rechange	. .	7	50
1521	Echelle de corde, échelons bois, pour hauteur de:	3. .	13	.
1522	dᵒ dᵒ dᵒ	3.50	14	.
1523	dᵒ dᵒ dᵒ	4. .	15	.
1524	dᵒ dᵒ dᵒ	4.50	18	.
1525	dᵒ dᵒ dᵒ	5. .	20	.
1526	dᵒ dᵒ bois rosé ou pertoqués	3. .	9	.
1527	dᵒ dᵒ dᵒ	3.50	10	50
1528	dᵒ dᵒ dᵒ	4. .	12	.
1529	dᵒ dᵒ dᵒ	4.50	13	50
1530	dᵒ dᵒ dᵒ	5. .	15	.
1531	Corde à consoles pour hauteur de:	3. .	13	.
1532	dᵒ dᵒ	3.50	14	.
1533	dᵒ dᵒ	4. .	15	.
1534	dᵒ dᵒ	4.50	18	.
1535	dᵒ dᵒ	5. .	20	.
1536	Corde à olives tressées dᵒ	3. .	9	.
1537	dᵒ dᵒ	3.50	10	.
1538	dᵒ dᵒ	4. .	11	.
1539	dᵒ dᵒ	4.50	12	.
1540	dᵒ dᵒ	5. .	13	.
1541	Corde à nœuds ordinᵉˢ dᵒ	3. .	6	.
1542	dᵒ dᵒ	3.50	7	.
1543	dᵒ dᵒ	4. .	8	.
1544	dᵒ dᵒ	4.50	9	.
1545	dᵒ dᵒ	5. .	10	.
1546	Corde lisse ordinᵉˢ dᵒ	3. .	5	.
1547	dᵒ dᵒ	3.50	5	50
1548	dᵒ dᵒ	4. .	6	.
1549	dᵒ dᵒ	4.50	6	50
1550	dᵒ dᵒ	5. .	7	.

Les demandes d'envoi doivent indiquer exactement le Nᵒ de chaque article.

GYMNASTIQUE.

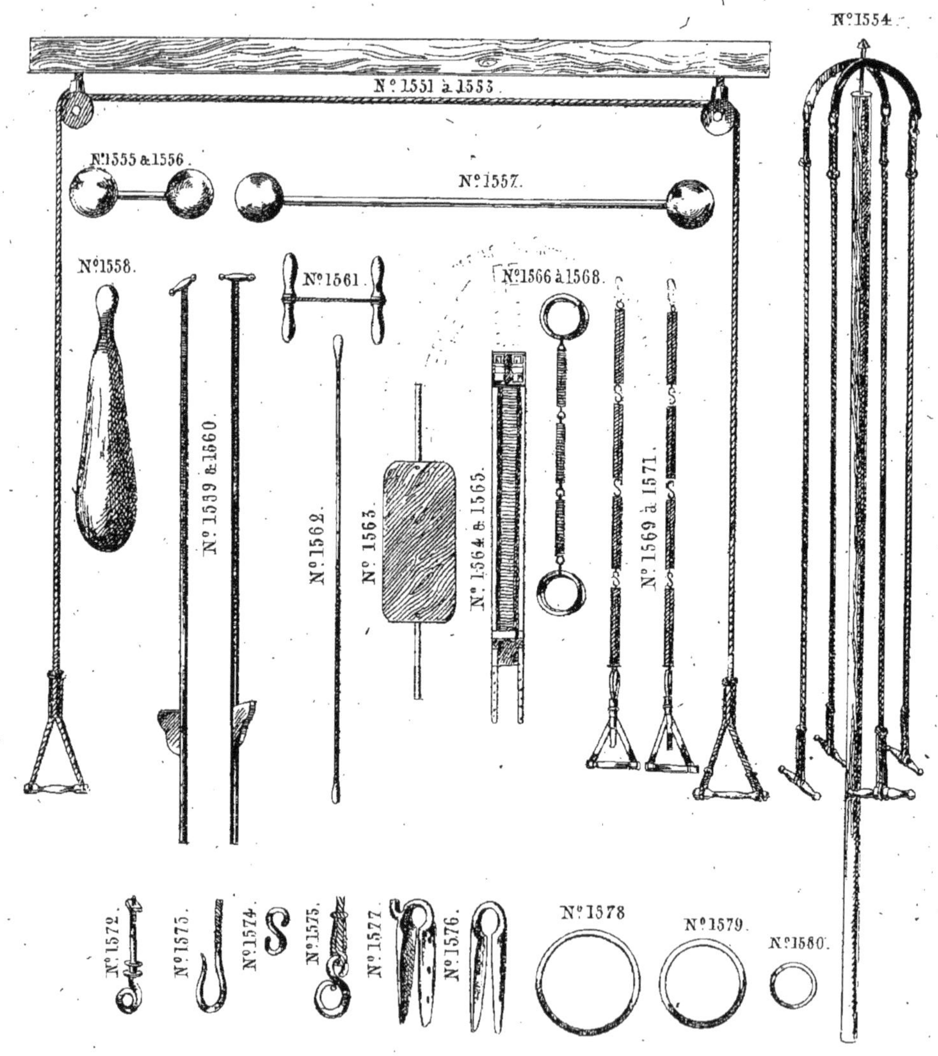

Les N°s des dessins correspondent aux N°s ci-contre indicatifs des Objets et des Prix.

N°.	Désignation des Articles.	Prix-Fixe	
		F.	C.
1551	Bracchiale ou appareil d'ascension, monté sur deux poulies fixées à la traverse d'un portique 4m haut.	20	.
1552	d° d° d° d° d° 4m50 d°	22	.
1553	d° d° d° d° d° 5m d°	25	.
1554	Pas de Géant, appareil fer forgé, en haut d'un mât (exercice pour plusieurs personnes.)	55	.
1555	Haltère, fonte bronzée, poignée fer, couverte peau, la paire jusqu'à 15 K°, vaut le K°.	1	.
1556	d° d° d° d° au dessus de 15 K° vaut le K°.	.	75
1557	Barre longue, couverte velours le K°	1	25
1558	Massue, bois tourné, vernie toutes tailles en force le K°	2	.
1559	Echasses, — d° — ordinaires, non vernies, la paire	5	.
1560	d° d° vernies d°	7	.
1561	Bois à lutter, appareil corde en bois, 2 poignées bois verni	3	.
1562	Bâton gymnastique, bois tourné, verni, pour exercice des bras	1	50
1563	Planche à dos, appareil pour jeunes filles	4	.
1564	Ceinture gymnastique, tissu laine et fil, modèle d'enfant	2	50
1565	d° d° grand modèle	3	50
1566	Appareil à ressort pour le travail des bras, force d'enfant	10	.
1567	d° d° d° de dame	13	.
1568	d° d° d° d'homme	16	.
1569	d° pour le travail du corps, force d'enfant	20	.
1570	d° d° d° de dame	25	.
1571	d° d° d° d'homme	40	.
1572	Crochet à écrou, fer forgé, pour supports d'appareils	2	50
1573	d° fer forgé étamé, dit tire-fonds d°	1	25
1574	d° d° forme S d° en hamac	.	50
1575	d° d° dit queue de cochon d° en balançoire	.	75
1576	Ferrure simple, fer forgé étamé pour perche vacillante	2	50
1577	d° double, à crochet, pour perche vacillante en démonter les appareils	4	.
1578	Anneau de trapèze, grand modèle fer forgé étamé	1	50
1579	d° d° petit modèle d°	1	25
1580	d° de balançoire d° d°	.	35

Les demandes d'envoi doivent indiquer exactement le N° de chaque article.

FABRIQUE
et
Magasins de vente

Commission-Exportation.

FOURNITURES
pour l'Armée,
les Chemins de Fer,
les Administrations
etc.

DOCK DU CAMPEMENT

14, Boulevart Poissonnière, à PARIS

GYMNASTIQUE.

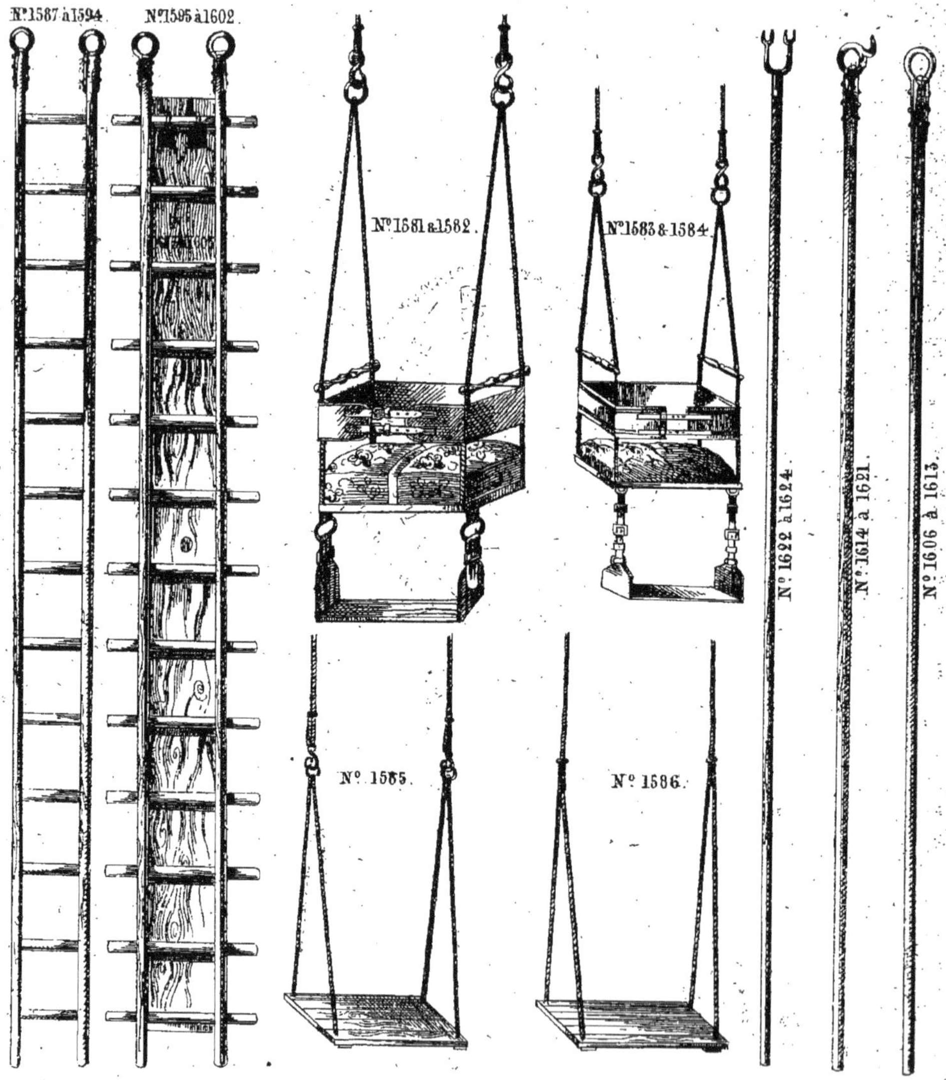

Les N.ᵒˢ des dessins correspondent aux N.ˢ ci-contre indicatifs des Objets et des Prix.

Nº.	Désignation des Articles	F.	C.
1581	Balançoire 1re qualité, grand modèle à coussin, crochets, sangles et marchepieds	30	
1582	d° 2e d° d° d° d° d°	24	
1583	d° 1re d° petit modèle d° d° d°	24	
1584	d° 2e d° d° d° d°	22	
1585	d° de Collège, siège mobile à crochets	17	
1586	d° d° siège fixe sans d°	15	
1587	Echelle bois tourné, vernie, imitation bambou, ferrure dans le haut — Longueur 3m.50	28	
1588	d° d° d° d° d° 4. "	36	
1589	d° d° d° d° d° 4.75	42	
1590	d° d° d° d° d° 5.50	48	
1591	d° peinte, ferrure dans le haut d° 3.50	20	
1592	d° d° d° d° 4. "	24	
1593	d° d° d° d° 4.75	30	
1594	d° d° d° d° 5.50	36	
1595	d° dorsale, bois tourné, vernie, imitation bambou, ferrure dans le haut d° 3.50	32	
1596	d° d° d° d° d° 4. "	40	
1597	d° d° d° d° d° 4.75	46	
1598	d° d° d° d° d° 5.50	52	
1599	d° d° peinte, ferrure dans le haut d° 3.50	24	
1600	d° d° d° d° d° 4. "	28	
1601	d° d° d° d° d° 4.75	34	
1602	d° d° d° d° d° 5.50	40	
1603	d° planche en sapin munie de crochet pour placer sur l'échelle dorsale d° " "	15	
1604	d° d° d° d° d° 4. "	18	
1605	d° d° d° d° d° 4.50	20	
1606	Perche vacillante, bois tourné, vernie, imitation bambou, ferrure simple d° 2.75	9	
1607	d° d° d° d° d° 3.25	10	
1608	d° d° d° d° d° 3.75	11	
1609	d° d° d° d° d° 4.25	12	
1610	d° bois tourné, peinte, ferrure simple d° 2.75	7	
1611	d° d° d° d° 3.25	8	
1612	d° d° d° d° 3.75	9	
1613	d° d° d° d° 4.25	10	
1614	d° bois tourné, vernie, ferrure double, servant au besoin à déplacer les appareils d° 2.75	11	
1615	d° d° d° d° d° d° 3.25	12	
1616	d° d° d° d° d° d° 3.75	13	
1617	d° d° d° d° d° d° 4.25	14	
1618	d° bois tourné, peinte d° d° d° 2.75	9	
1619	d° d° d° d° d° d° 3.25	10	
1620	d° d° d° d° d° d° 3.75	11	
1621	d° d° d° d° d° d° 4.25	12	
1622	d° simple à crochet pour déplacer les appareils d° 2.50	5	
1623	d° d° d° d° 3. "	5	50
1624	d° d° d° d° 3.50	6	50

Les demandes d'envoi doivent indiquer exactement le Nº. de chaque article.

CHASSE

CARNIERS.

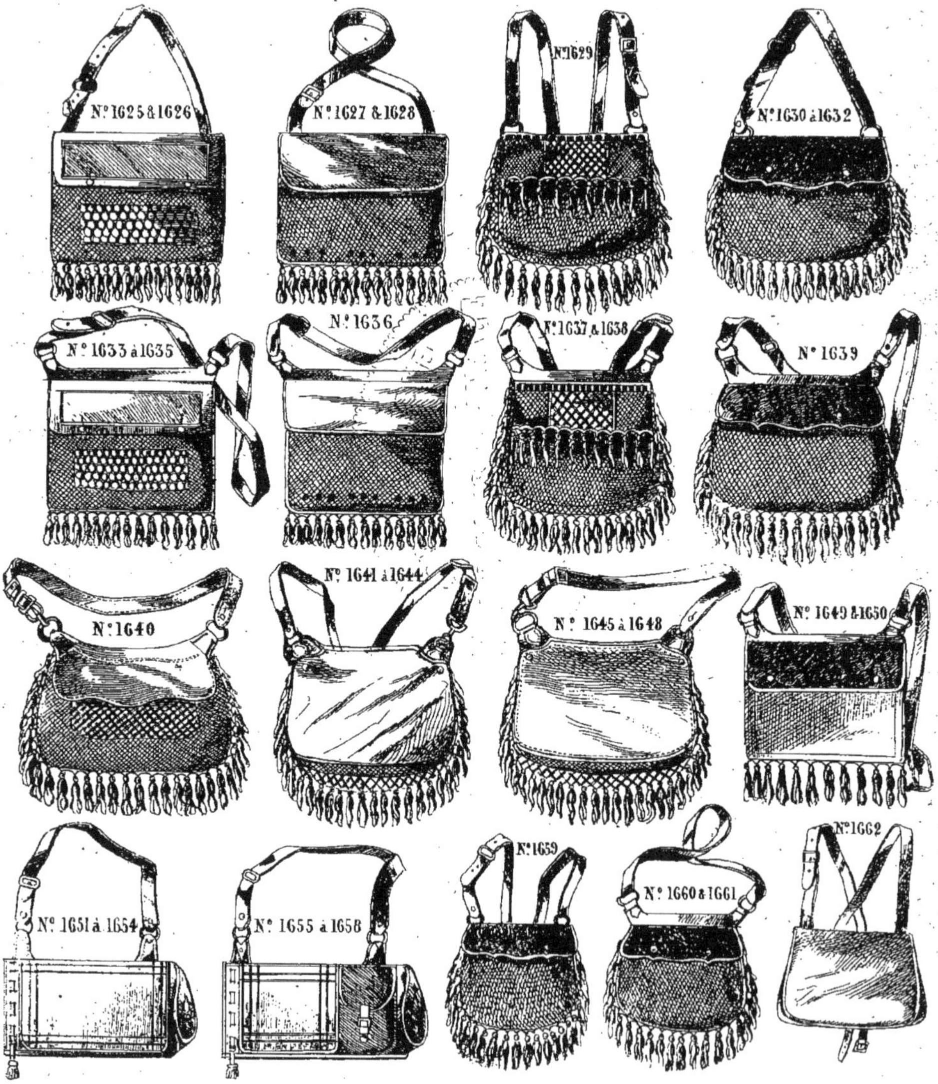

Les N°s des dessins correspondent aux N°s ci-contre indicatifs des Objets et des Prix. 

Nᵒˢ	Désignation des Articles	F	C
1625	Carnier moyen modèle, mouton ou toile, filet simple, façon simple, rabat peau sans poche	4	
1626	d°. d°. d°. d°. d°. d°. avec d°.	4	50
1627	d°. d°. d°. d°. façon double d°. sans d°.	6	
1628	d°. d°. d°. d°. d°. avec d°.	6	50
1629	d°. d°. d°. filet double d°. filet avec poche, sans soufflet	9	50
1630	d°. d°. d°. d°. d°. veau marin d°. d°.	10	
1631	d°. d°. d°. d°. d°. d°. à soufflet	11	
1632	d°. d°. d°. ½ fin d°. sac coutil d°. d°. d°.	14	
1633	d°. modèle ordinaire d°. filet simple, façon simple, rabat peau sans poche	6	50
1634	d°. d°. d°. d°. d°. d°. avec poche	7	50
1635	d°. d°. d°. d°. d°. veau marin d°.	8	50
1636	d°. d°. d°. d°. façon double d°. d°.	10	
1637	d°. d°. d°. filet double ord⁻. d°. peau d°. sans soufflet	12	
1638	d°. d°. d°. d°. d°. d°. avec soufflet	13	
1639	d°. d°. d°. d°. ½ fin d°. sac coutil, veau marin d°. d°.	17	
1640	d°. d°. coutil d°. d°. rabat caoutchouc d°. d°.	18	
1641	d°. d°. étoffe caoutchouc d°. d°. sac grand rabat d°. d°.	21	
1642	d°. d°. veau d°. d°. sacs ou toile, rabat veau marin à poches soufflet	26	
1643	d°. d°. d°. d°. d°. filet de lièvre d°. d°. d°.	29	
1644	d°. d°. d°. d°. d°. d°. grand d°. d°. d°.	32	
1645	d°. d°. tout toile à voile garni cuir, ½ fin, sac en toile, grand rabat toile d°. (artic. solide)	26	
1646	d°. d°. d°. d°. doubles filets à lièvre d°. d°. d°.	28	
1647	d°. d°. vache grainée, filet fin sacs ou toile d°. veau (d°. extra)	43	
1648	d°. d°. d°. d°. doubles filets lièvre d°. d°. d°.	45	
1649	d°. Belge, forme carrée, mouton, filet ½ fin, rabat veau marin	24	
1650	d°. d°. d°. veau d°. d°.	30	
1651	d°. Sac Allemand, mouton, 0ᵐ. 60 de longueur	10	
1652	d°. d°. d°. 0. 65 d°.	11	
1653	d°. d°. d°. avec poche sacoche 0ᵐ 60 de longueur	12	50
1654	d°. d°. d°. d°. 0. 65 d°.	14	
1655	d°. d°. veau, 0ᵐ 60 de longueur	15	50
1656	d°. d°. d°. 0. 65 d°.	17	
1657	d°. d°. d°. avec poche sacoche, 0ᵐ 60 de longueur	18	50
1658	d°. d°. d°. d°. 0. 65 d°.	20	
1659	d°. d'Enfant, filet simple, façon simple, rabat peau	4	50
1660	d°. d°. filet double	7	
1661	d°. d°. d°. fin	12	
1662	d°. Gibecière, toile à voile souple, sans filet, banderolle tissu	6	

Les demandes d'envoi doivent indiquer exactement le Nᵒ de chaque article.

CHASSE

CARTOUCHIÈRES

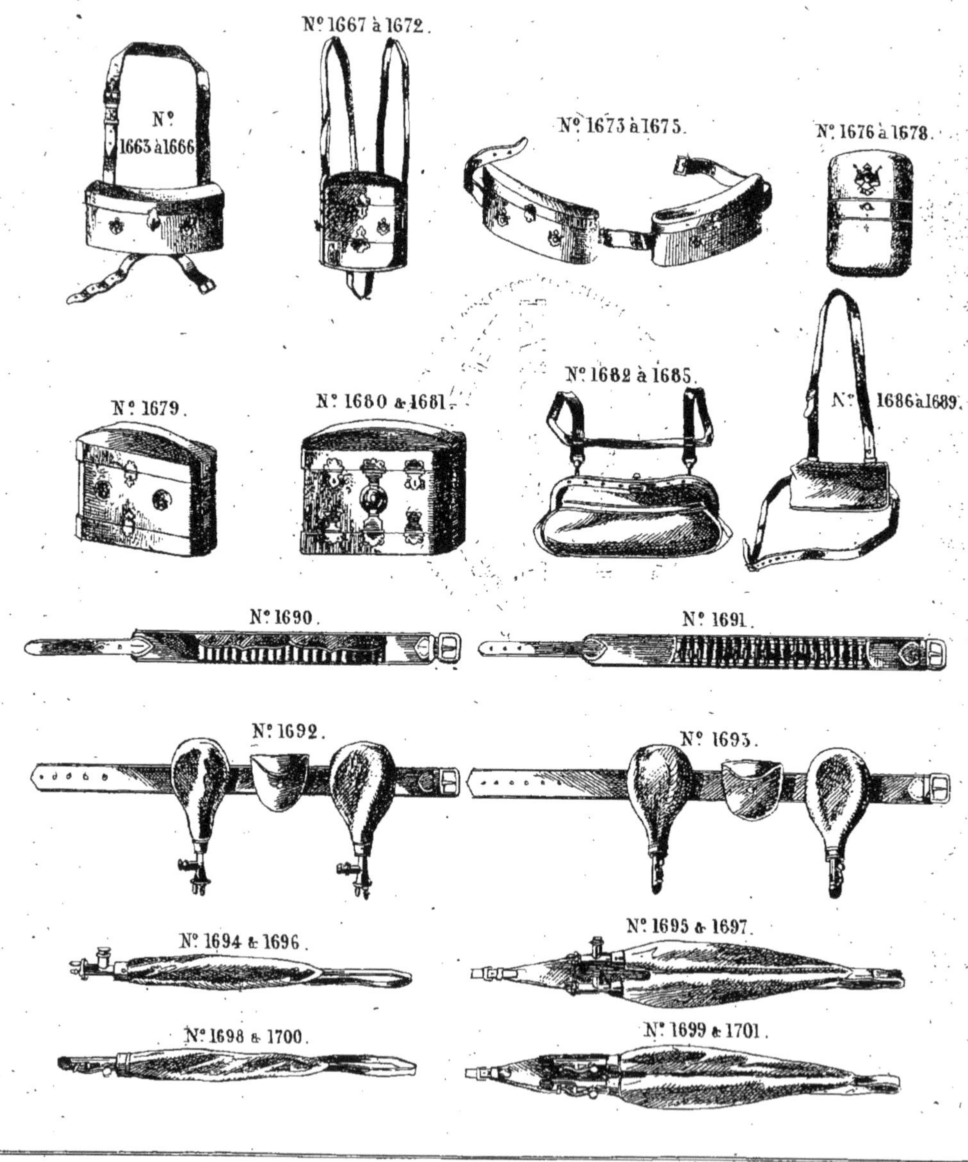

Les N.ᵒˢ des dessins correspondent aux N.ᵒˢ ci-contre indicatifs des Objets et des Prix.

N.ᵒˢ	Désignation des Articles.		Prix-Fixe. F.	C.
1663	Cartouchière, cuir bruni, modèle giberne	20 tubes	13	50
1664	d°. d°. d°.	24 d°.	15	.
1665	d°. d°. d°.	30 d°.	16	50
1666	d°. d°. d°.	36 d°.	18	.
1667	d°. d°. sautoir	20 d°.	12	.
1668	d°. d°. d°.	28 d°.	15	.
1669	d°. d°. d°.	32 d°.	16	.
1670	d°. d°. d°.	42 d°.	17	.
1671	d°. d°. d°.	48 d°.	18	50
1672	d°. d°. d°.	60 d°.	21	.
1673	d°. d°. ceinture 2 côtés	20 d°.	15	.
1674	d°. d°. d°.	24 d°.	16	50
1675	d°. d°. d°.	40 d°.	21	.
1676	d°. d°. de poche	8 d°.	5	50
1677	d°. d°. d°.	10 d°.	6	.
1678	d°. d°. d°.	12 d°.	6	50
1679	d°. d°. boîte réserve	100 d°.	22	50
1680	d°. d°. d°. fermeture à serrure	150 d°.	36	.
1681	d°. d°. d°. d°.	200 d°.	44	.
1682	d°. mouton chagrin, forme gibecière, fermeture à ressort	18 d°.	13	50
1683	d°. d°. d°. d°.	28 d°.	10	.
1684	d°. maroquin veau ou peau de porc d°.	18 d°.	16	.
1685	d°. d°. d°. d°.	23 d°.	21	.
1686	d°. mouton chagrin, à recouvrement, forme giberne, à banderolle	20 d°.	8	.
1687	d°. d°. d°. d°. d°.	28 d°.	9	.
1688	d°. veau marin d°. d°. d°.	20 d°.	8	50
1689	d°. d°. d°. d°. d°.	28 d°.	9	50
1690	d°. ceinture, toile souple, avec tubes toile	20 d°.	9	.
1691	d°. d°. tissu, tubes caoutchouc	20 d°.	12	.
1692	Ceinture de chasse à poche pour plomb, modèle ordinaire		6	.
1693	d°. d°. d°. fin		9	.
1694	Boyau, sac à plomb, modèle simple, mouton, charge à soupape ordinaire		2	75
1695	d°. d°. d°. double d°. d°.		4	.
1696	d°. d°. d°. simple, veau jaune d°.		3	.
1697	d°. d°. d°. double d°. d°.		5	50
1698	d°. d°. d°. simple d°. pédale cuivre		3	50
1699	d°. d°. d°. double d°. d°.		7	.
1700	d°. d°. d°. simple, cuir bruni d°.		7	50
1701	d°. d°. d°. d°. d°.		15	.

Les demandes d'envoi doivent indiquer exactement le N.ᵒ de chaque article.

DOCK DU CAMPEMENT

14, Boulevart Poissonnière, à PARIS

CHASSE

POUDRIÈRES.

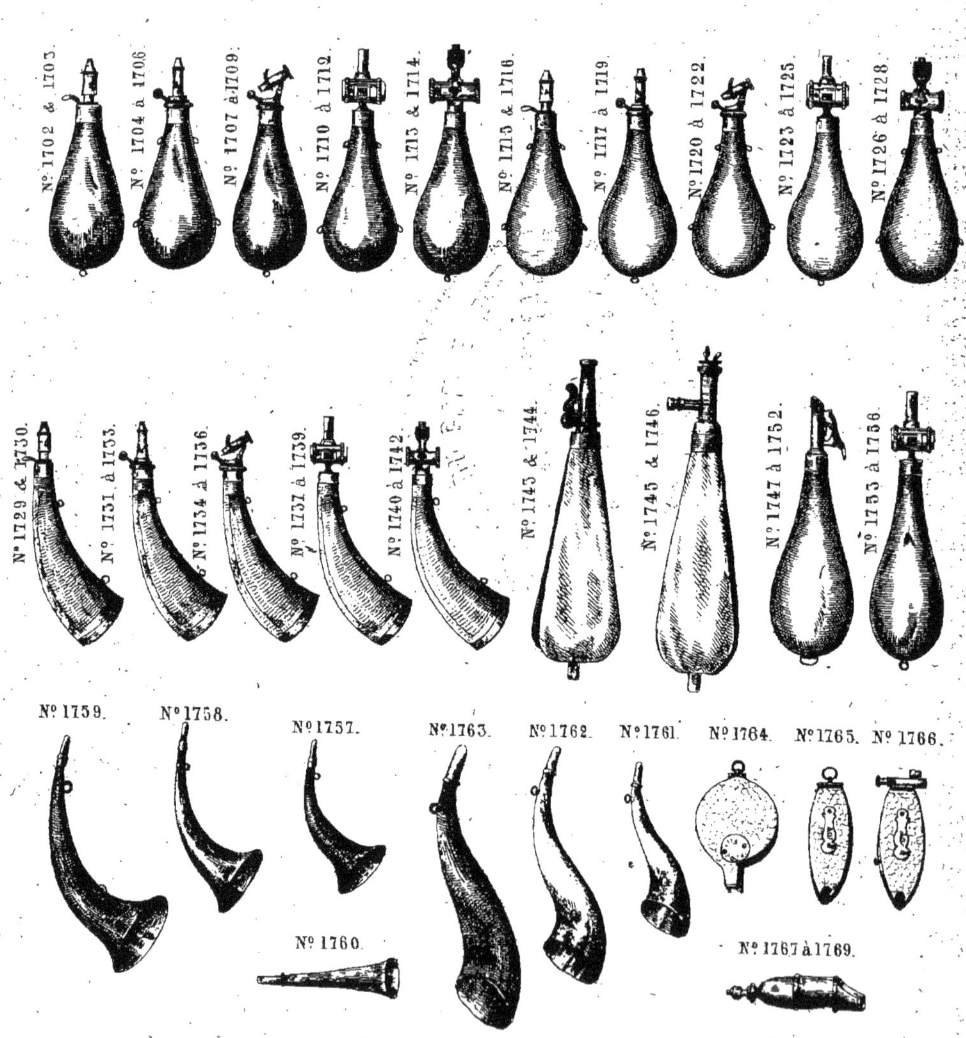

Les N.ºˢ des dessins correspondent aux N.ºˢ ci-contre indicatifs des Objets et des Prix.

Désignation des Articles — Prix-Fixe

Nos	Désignation des Articles		F.	C.
1702	Poudrière métal cuivre, ressort ordinaire	4 onces	2	50
1703	dº dº dº dº dº	6 dº	3	
1704	dº dº dº forte dº anglais	4 dº	4	50
1705	dº dº dº dº dº	6 dº	5	50
1706	dº dº maillechort dº dº	5 dº	11	
1707	dº dº cuivre dº à bascule	4 dº	7	
1708	dº dº dº dº dº	6 dº	8	
1709	dº dº maillechort dº dº	5 dº	13	
1710	dº dº cuivre dº à genouillère	4 dº	7	
1711	dº dº dº dº dº	6 dº	8	
1712	dº dº maillechort dº dº	5 dº	13	
1713	dº dº avec système à pompe cuivre	4 dº	5	50
1714	dº dº dº dº	6 dº	6	50
1715	dº couverte cuir bruni, maroquin ou peau de porc, ressort ordinaire cuivre	4 dº	3	
1716	dº dº dº dº dº dº	6 dº	3	50
1717	dº dº dº dº anglais dº	4 dº	4	50
1718	dº dº dº dº dº dº	6 dº	5	50
1719	dº dº dº dº dº maillechort	5 dº	9	
1720	dº dº dº dº à bascule cuivre	4 dº	7	
1721	dº dº dº dº dº dº	6 dº	8	
1722	dº dº dº dº dº maillechort	5 dº	11	
1723	dº dº dº dº à genouillère cuivre	4 dº	8	
1724	dº dº dº dº dº dº	6 dº	8	50
1725	dº dº dº dº dº maillechort	5 dº	12	
1726	dº dº dº dº à pompe cuivre	4 dº	1	
1727	dº dº dº dº dº dº	6 dº	8	50
1728	dº dº dº dº dº maillechort	5 dº	12	
1729	Poudrière corbin ou corne, ressort ordinaire cuivre	4 dº	2	
1730	dº dº dº dº dº	6 dº	2	50
1731	dº dº dº anglais dº	4 dº	3	50
1732	dº dº dº dº dº	6 dº	4	
1733	dº dº dº dº maillechort	5 dº	8	
1734	dº dº dº à bascule cuivre	4 dº	7	
1735	dº dº dº dº dº	6 dº	7	50
1736	dº dº dº dº maillechort	5 dº	11	
1737	dº dº dº à genouillère cuivre	4 dº	8	
1738	dº dº dº dº dº	6 dº	8	50
1739	dº dº dº dº maillechort	5 dº	12	
1740	dº dº dº à pompe cuivre	4 dº	5	
1741	dº dº dº dº dº	6 dº	5	50
1742	dº dº dº dº maillechort	5 dº	8	
1743	Sac à plomb, chamois, système ordinaire à bouchon		1	
1744	dº veau laqué dº dº		1	75
1745	dº chamois, système à ressort		2	
1746	dº veau laqué		3	50
1747	dº cuir bruni, maroquin ou peau de porc, système à pédale cuivre	1 K:	5	50
1748	dº dº dº dº dº	1 K: 5	6	
1749	dº dº dº dº à pédale fer	1 K:	6	50
1750	dº dº dº dº dº	1 K: 5	7	
1751	dº dº dº dº à pédale maillechort	1 K:	7	
1752	dº dº dº dº dº	1 K: 5	7	50
1753	dº dº dº dº à genouillère cuivre	1 K:	7	50
1754	dº dº dº dº dº	1 K: 5	8	
1755	dº dº dº dº à genouillère maillechort	1 K:	11	
1756	dº dº dº dº dº dº	1 K: 5	11	50
1757	Corne d'appel cuivre forme pavillon petit modèle		2	75
1758	dº dº dº moyen dº		3	75
1759	dº dº dº grand dº		4	50
1760	dº corne droite, petite, modèle de poche			75
1761	dº modèle ordinaire petite		1	50
1762	dº dº moyenne		2	
1763	dº dº grande		2	50
1764	Amorçoir à rivets cuivre		2	50
1765	dº à charnière		3	
1766	dº à chargette		4	
1767	Sifflet de chasse, métal petit modèle			60
1768	dº dº moyen dº			75
1769	dº dº grand dº		1	

Les demandes d'envoi doivent indiquer exactement le Nº de chaque article.

CHASSE

FOURREAUX & DIVERS.

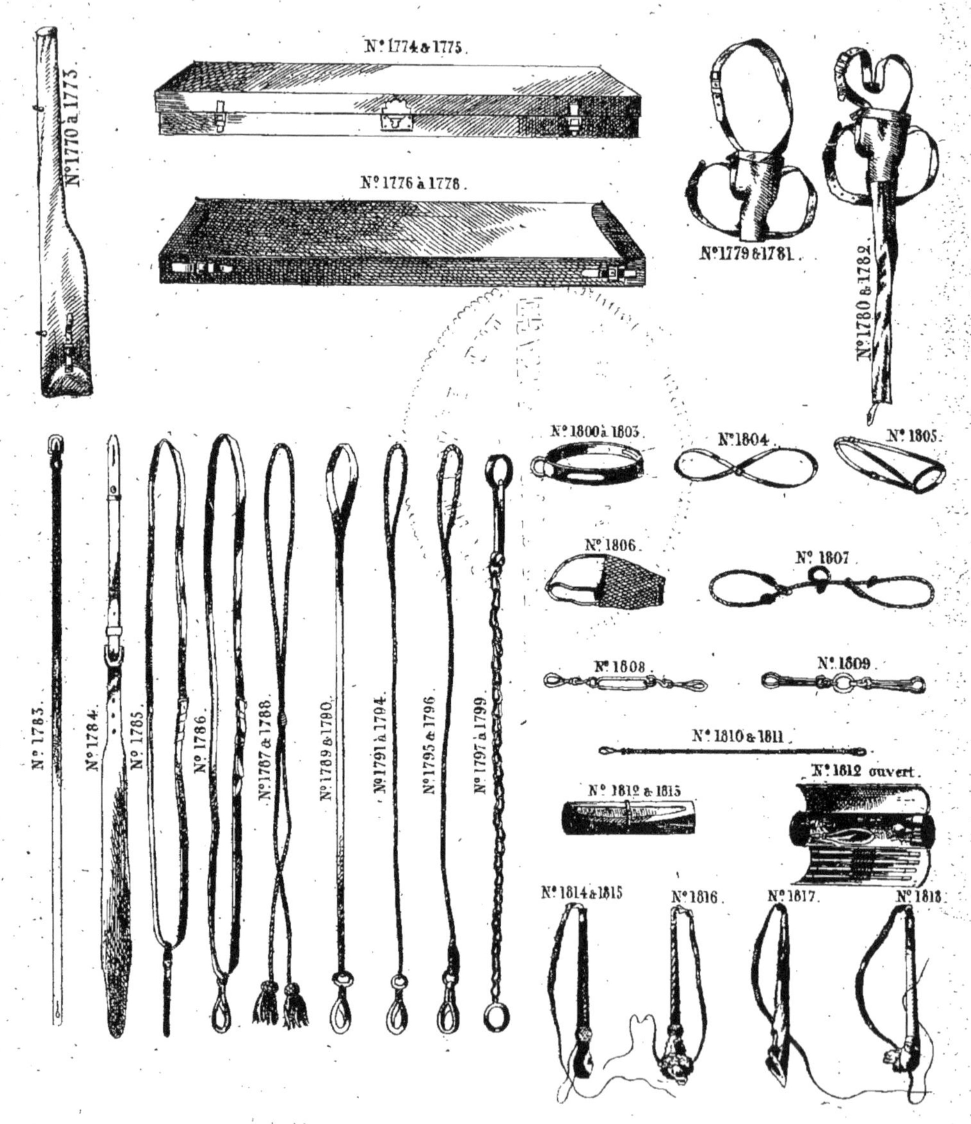

Les N°.⁰ des dessins correspondent aux N°.ˢ ci-contre indicatifs des Objets et des Prix.

Désignation des Articles — Prix-Fixe

N°	Désignation des Articles	F	C
1770	Fourreau de fusil, mouton souple, ordinaire	4	.
1771	d° d° d° fort	5	.
1772	d° veau d° d°	11	.
1773	d° vache grainée d°	13	.
1774	Boîte cassette pour fusil démonté, couverte toile vernie, intérieur doublé peluche	30	.
1775	d° d° d° peau d° d°	33	.
1776	Boîte cartonnée d° d° toile à voile, s'ouvrant sur les bouts	14	.
1777	d° d° d° mouton d°	14	.
1778	d° d° d° cuir fort jaune d°	34	.
1779	Porte-fusil, pour monter à cheval, mouton ordinaire, modèle sans fourreau	12	.
1780	d° d° d° d° à d°	16	.
1781	d° d° veau fin d° sans fourreau	15	.
1782	d° d° d° d° à d°	20	.
1783	Bretelle de fusil, cuir fort, modèle droit	1	75
1784	d° d° d° étroit des deux bouts	1	75
1785	Banderolle cuir jaune, à boucle, pour poudrière ou sac à plomb	1	25
1786	d° à porte-mousqueton d° d°	1	75
1787	Cordon tressé mouton, pour poudrière en bouteille	1	75
1788	d° veau d°	2	.
1789	Laisse plate, cuir jaune, petit modèle, à porte-mousqueton	1	50
1790	d° d° d° grand d° d°	2	.
1791	d° ronde, mouton tressé, petit d° d°	2	50
1792	d° d° d° d° grand d° d°	3	.
1793	d° d° veau d° petit d° d°	3	50
1794	d° d° d° d° grand d° d°	4	.
1795	d° soie végétale petit d° d°	.	50
1796	d° d° grand d° d°	.	75
1797	d° chaîne fer poli petit d° d°	1	50
1798	d° d° moyen d° d°	1	75
1799	d° d° grand d° d°	2	.
1800	Collier de chien, ordinaire, cuir noir ou brun, petit modèle	1	50
1801	d° d° d° grand d°	2	.
1802	d° fin piqué d° petit d°	3	.
1803	d° d° d° grand d°	4	.
1804	Muselière, courroie, cuir jaune	.	75
1805	d° formée d°	1	25
1806	d° d° filet	.	75
1807	Accouple, soie végétale	.	50
1808	d° fer, mousqueton plat	1	.
1809	d° d° d° rond	1	75
1810	Porte-gibier, mouton tressé	2	75
1811	d° veau d°	3	50
1812	Nécessaire d'armes, formant trousse, accessoires pour nettoyer le fusil (système Lefaucheux)	13	.
1813	d° d° d° d° (d° ordinaire)	11	.
1814	Fouet de chasse, modèle de carnier, mouton tressé	1	50
1815	d° d° veau d°	2	50
1816	d° d° manche, corne de cerf, veau blanc	4	.
1817	d° d° pied de biche veau jaune	5	50
1818	d° d° fantaisie d°	7	.

Les demandes d'envoi doivent indiquer exactement le N° de chaque article.

FABRIQUE et Magasins de vente — Commission-Exportation.

DOCK DU CAMPEMENT

14, Boulevart Poissonnière, à PARIS

FOURNITURES pour l'Armée, les Chemins de Fer, les Administrations etc.

CHASSE

GUÊTRES.

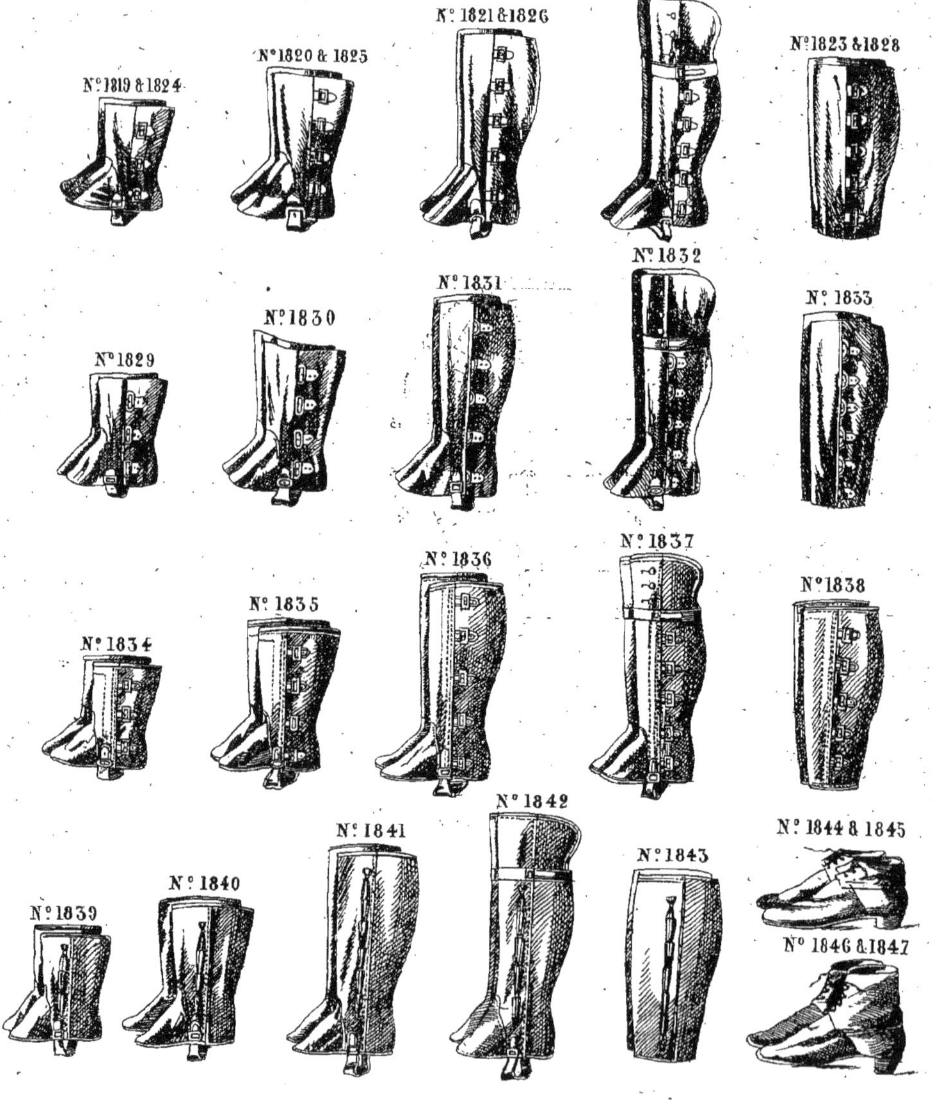

Les N°ˢ des dessins correspondent aux N°ˢ ci-contre indicatifs des Objets et des Prix.

Lith. Barthe, rue de Provence, 18
Gravé chez J. A. Landé

N°	Désignation des Articles	Prix-Fixe	
		F.	C.
1819	Guêtres, toile à voile blanche, à boucles ou boutons, garnies veau laqué, petites — 3 boucles	5	50
1820	d°. d°. d°. d°. ½ mollets — 4 d°.	6	50
1821	d°. d°. d°. d°. jarrets — 5 d°.	9	50
1822	d°. d°. d°. d°. genouillères, 3 boutons — 5 d°.	12	50
1823	d°. d°. d°. d°. molletières à boutons	6	50
1824	d°. toile à voile tannée d°. d°. petites — 3 d°.	6	,
1825	d°. d°. d°. d°. ½ mollets — 4 d°.	7	,
1826	d°. d°. d°. d°. jarrets — 5 d°.	10	,
1827	d°. d°. d°. d°. genouillères — 5 d°.	14	,
1828	d°. d°. d°. d°. molletières	7	,
1829	d°. veau ordinaire, piquées sur blanchet, façon ordinaire; petites — 3 d°.	6	,
1830	d°. d°. d°. d°. ½ mollets — 4 d°.	7	,
1831	d°. d°. d°. d°. jarrets — 4 d°.	10	,
1832	d°. d°. d°. d°. genouillères — 5 d°.	14	,
1833	d°. d°. d°. d°. molletières	9	,
1834	d°. veau fin, goussets cambrés, à boucles ou boutons, façon fine, petites — 3 d°.	9	,
1835	d°. d°. d°. d°. ½ mollets — 4 d°.	13	,
1836	d°. d°. d°. d°. jarrets — 5 d°.	19	,
1837	d°. d°. d°. d°. genouillères — 5 d°.	27	,
1838	d°. d°. d°. d°. molletières	16	,
1839	d°. d°. modèle à lanières, cuir tressé petites — 3 d°.	11	50
1840	d°. d°. d°. d°. ½ mollets — 4 d°.	15	50
1841	d°. d°. d°. d°. jarrets — 5 d°.	21	50
1842	d°. d°. d°. d°. genouillères — 5 d°.	30	,
1843	d°. d°. d°. d°. molletières	18	,
1844	Souliers de chasse imperméables, cuir fort, 1re qualité	16	,
1845	d°. d°. d°. 2e d°.	14	,
1846	Brodequins de chasse d°. d°. 1re d°.	20	,
1847	d°. d°. d°. 2e d°.	18	,

Les demandes d'envoi doivent indiquer exactement le N° de chaque article.

ARTICLES DIVERS.

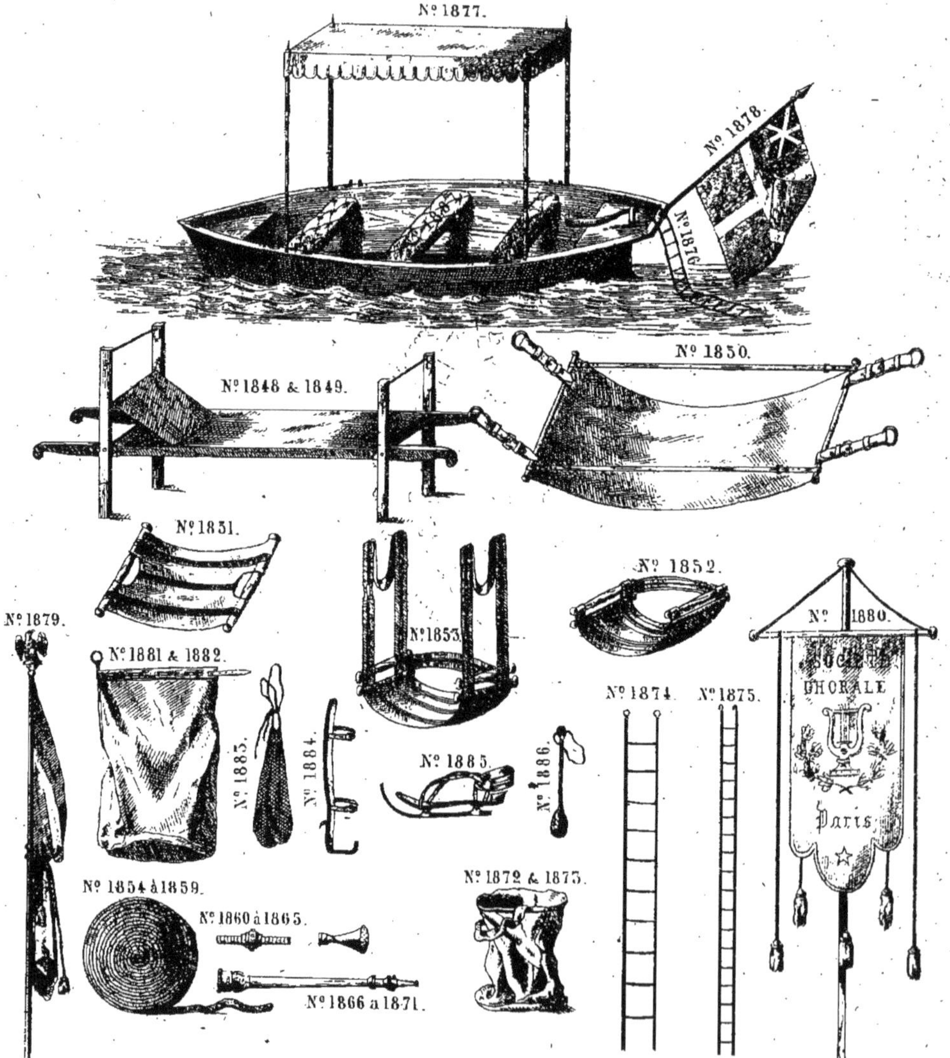

N°	Désignation des Articles.	F.	C.
1848	Brancard d'ambulance, modèle d'Administration ou d'armée	75	.
1849	— d°. — d°. — d°. — Ville de Paris	125	.
1850	Hamac chemin de fer pour malade (se plaçant dans l'intérieur du wagon)	22	.
1851	Portoir ordinaire pour malade	4	.
1852	— d°. — à dossier	9	.
1853	— d°. — à banderolle	16	.
1854	Tuyaux toile pour conduites d'eau, 0^m. 023 de diamètre, le mètre	1	.
1855	— d°. — d°. — 30 — d°. — d°.	1	10
1856	— d°. — d°. — 37 — d°. — d°.	1	50
1857	— d°. — d°. — 45 — d°. — d°.	1	65
1858	— d°. — d°. — 51 — d°. — d°.	1	85
1859	— d°. — d°. — 58 — d°. — d°.	2	10
1860	Raccord cuivre pour tuyaux — 23 — d°. — d°.	2	50
1861	— d°. — d°. — 30 — d°. — d°.	3	.
1862	— d°. — d°. — 37 — d°. — d°.	5	.
1863	— d°. — d°. — 45 — d°. — d°.	6	50
1864	— d°. — d°. — 51 — d°. — d°.	8	50
1865	— d°. — d°. — 58 — d°. — d°.	10	50
1866	Lance cuivre pour tuyaux — 23 — d°. — d°.	10	.
1867	— d°. — d°. — 30 — d°. — d°.	13	.
1868	— d°. — d°. — 37 — d°. — d°.	17	50
1869	— d°. — d°. — 45 — d°. — d°.	25	.
1870	— d°. — d°. — 51 — d°. — d°.	32	.
1871	— d°. — d°. — 58 — d°. — d°.	45	.
1872	Seau à incendie, toile petit modèle	3	.
1873	— d°. — grand d°.	4	.
1874	Echelle dite de sauvetage, le mètre	4	50
1875	— d°. — de poche, corde fine en soie	4	.
1876	— d°. — de bateau à crochets	10	.
1877	Tente de bateau (Prix variant suivant grandeur et disposition.)		
1878	Pavillon de canot — d°. — d°.		
1879	Drapeaux coton, laine, soie, toutes nuances et toutes grandeurs 6-10-20-40^f. et au dessus		
1880	Bannières laine, soie, velours, broderies et inscriptions 20-40-60^f. et au dessus		
1881	Sac à linge 1^m/. s/. 50^c/. fermeture à courroies (Article pour le bord)	12	.
1882	— d°. — d°. — d°. — à coulisses (— d°. —)	8	.
1883	Filet à Gibier	4	.
1884	Griffes fer, agencement pour monter aux arbres	12	.
1885	Paire de patin et agencée de courroies	15	.
1886	Protecteur dit casse-tête	4	50
1887	Coussin de banquettes de canot en peau, rempli wareck ou crin — 4. 5. 6^f. et au dessous...		

Les demandes d'envoi doivent indiquer exactement le N°. de chaque article.

Lith. Barthe, rue de Provence, 18. Gravé chez J. A. Lands.

DOCK DU CAMPEMENT

14, Boulevart Poissonnière, à PARIS

DIVERS

ARTICLES Pᴿ CHEMᴵⁿˢ DE FER & ADMINISTRATIONS.

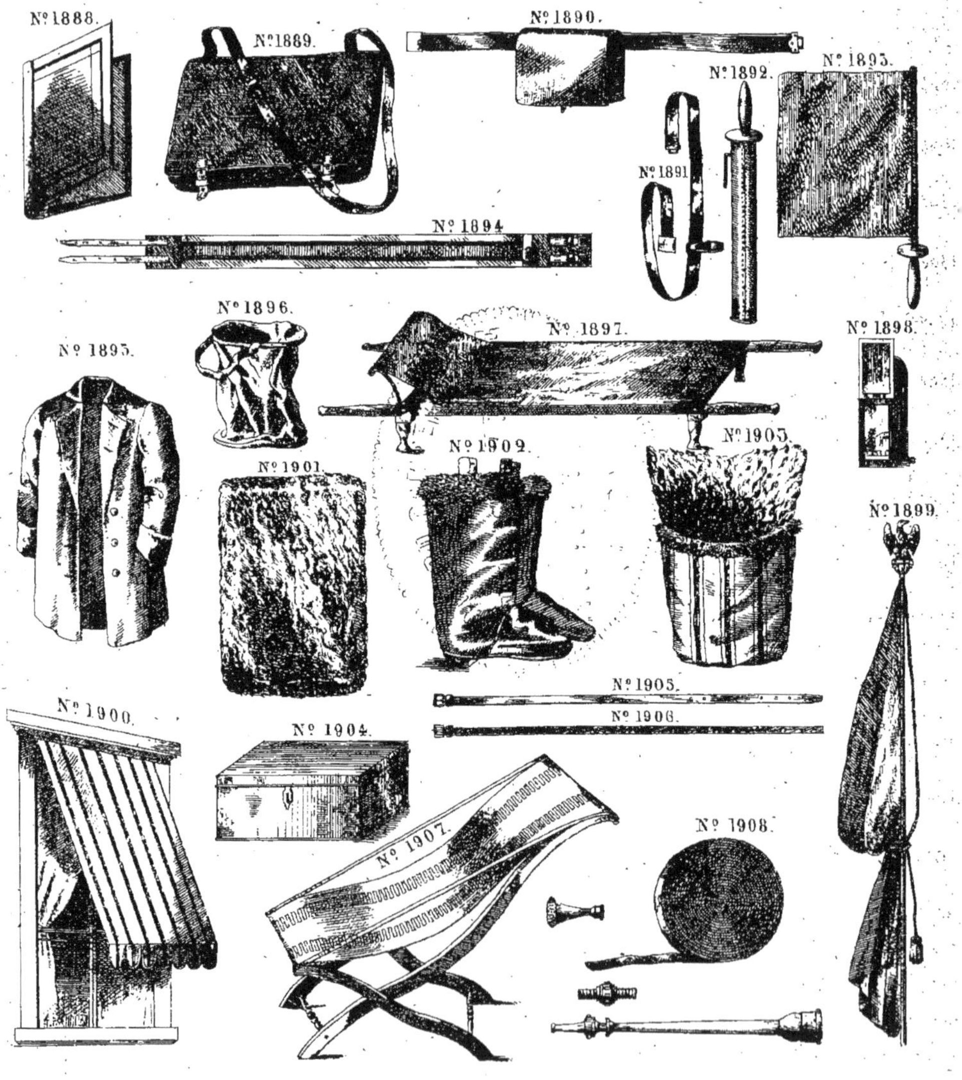

Nº 1888.

Nº 1889.

Nº 1890.

Nº 1892.

Nº 1893.

Nº 1891.

Nº 1894

Nº 1896.

Nº 1897.

Nº 1898.

Nº 1895.

Nº 1901.

Nº 1902.

Nº 1903.

Nº 1899.

Nº 1905.

Nº 1906.

Nº 1900.

Nº 1904.

Nº 1907.

Nº 1908.

Les Nᵒˢ des dessins correspondent aux Nᵒˢ ci-contre indicatifs des Objets et des Prix. 

Nº.	Désignation des Articles.	Prix-Fixe.
1888	Portefeuilles cuir pour conducteurs de trains	
1889	— dº — Gibecières se portant en banderolles	
1890	Gibernes à ceinturons pour Conducteurs de trains	
1891	Ceintures cuir jaune ou noir, plaques en cuivre gravées	
1892	Fourreaux porte-guidons cuir fort	
1893	Guidons laine, montés sur manches	
1894	Ceintures tissus pour hommes d'équipe	
1895	Paletots caoutchouc, dits marine (Article solide) pour mécaniciens	
1896	Seaux toile	
1897	Brancards ployants, modèle de ville, d'Administration ou d'Armée	
1898	Lanternes sourdes à verres de couleurs en réflecteurs	
1899	Drapeaux de toutes grandeurs	
1900	Stores en toile ou coutil rayé	
1901	Peaux de moutons pour intérieurs de wagons	
1902	Bottes fourrées pour conducteurs de trains	
1903	Sacs fourrés — dº — dº	
1904	Caisses fer-blanc, toutes grandeurs	
1905	Courroies en cuir, toutes tailles et forces	
1906	Sangles courroies tissus, pour papiers	
1907	Fauteuils de veille ou de repos, article pour chefs de gares	
1908	Tuyaux toile, lances en raccords cuivre	

Prix traités de gré à gré selon l'importance des Commandes.

Les demandes d'envoi doivent indiquer exactement le Nº de chaque article.

DOCK DU CAMPEMENT

14, Boulevart Poissonnière, à PARIS

DIVERS

ARTICLES D'ILLUMINATION.

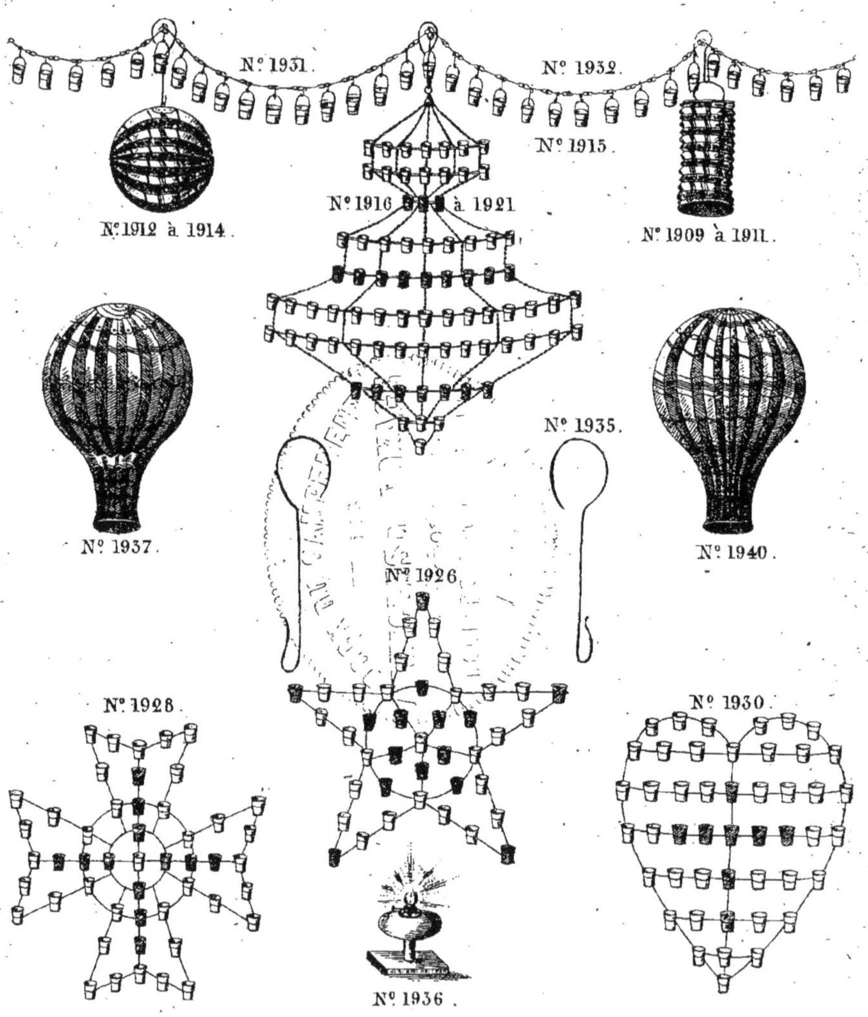

Les N.ºs des dessins correspondent aux N.ºs ci-contre indicatifs des Objets et des Prix.

Nᵒˢ	Désignation des Articles.	Prix-Fixe F.	C.
1909	Lanternes vénitiennes papier, modèle ordinaire, — le cent	10	.
1910	dᵒ dᵒ à plateaux dᵒ	12	.
1911	dᵒ dᵒ à fils et plateaux dᵒ	15	.
1912	dᵒ forme ballon 0ᵐ 20ᶜ de diamètre dᵒ	25	.
1913	dᵒ dᵒ 28ᶜ dᵒ dᵒ	40	.
1914	dᵒ dᵒ 37ᶜ dᵒ dᵒ	75	.
1915	Verres de couleurs pour illuminations dᵒ	15	.
1916	Lustre fil de fer pour 15 verres de couleurs	3	.
1917	dᵒ 25 dᵒ	5	.
1918	dᵒ 50 dᵒ	8	.
1919	dᵒ 75 dᵒ	11	.
1920	dᵒ 100 dᵒ	15	.
1921	dᵒ 200 dᵒ	30	.
1922	Lustre fil de fer pour 5 ballons	1	50
1923	dᵒ 14 dᵒ	3	.
1924	dᵒ 25 dᵒ	6	.
1925	dᵒ 48 dᵒ	12	.
1926	Étoile, cœur, croix de Malte, fil de fer pour 10 verres	1	50
1927	dᵒ dᵒ dᵒ 25 dᵒ	3	.
1928	dᵒ dᵒ dᵒ 50 dᵒ	6	.
1929	dᵒ dᵒ dᵒ 100 dᵒ	12	.
1930	dᵒ dᵒ dᵒ 200 dᵒ	24	.
1931	Chaîne étamée pour guirlandes, le mètre	.	25
1932	Collets porte-verres, ordinaires, le cent	2	25
1933	dᵒ à chainettes dᵒ	3	.
1934	dᵒ à broqueter dᵒ	.	75
1935	Crochets fil de fer pour tenir les ballons dans les arbres, le cent	3	50
1936	Lampes d'illumination remplaçant la bougie, le cent	25	.
1937	Montgolfières papier, couleurs variées, grandeur 1ᵐ	3	50
1938	dᵒ dᵒ dᵒ 2ᵐ	7	.
1939	dᵒ dᵒ dᵒ 3ᵐ	12	.
1940	dᵒ dᵒ dᵒ 4ᵐ	18	.

Les demandes d'envoi doivent indiquer exactement le Nᵒ de chaque article.

Table des Matières.

Fin

de la Table des Matières.

AVIS

L'Établissement du *Dock du Campement*, comprenant Fabrique et Magasins de vente, se charge de la confection d'Articles sur commande.

Il entreprend les fournitures pour :

L'Armée,

Les Administrations,

Les Chemins de Fer, etc.

Il est à même, par l'organisation de sa Fabrique, de confectionner et livrer dans les meilleures conditions.

Il expédie en Province et à l'Étranger.

Les lettres doivent être adressées comme suit :

A Monsieur le Directeur du Dock du Campement :

14, Boulevart Poissonnière,

PARIS

Imp. P. Barthe, rue de Provence, 45, Paris.

www.ingramcontent.com/pod-product-compliance
Ingram Content Group UK Ltd.
Pitfield, Milton Keynes, MK11 3LW, UK
UKHW021206220726
13924UKWH00003B/1352